烹海鲜

杨桃美食编辑部 主编

江苏凤凰科学技术出版社 凤凰含章

目录 CONTENTS

鱼类料理篇

料理篇

头足类料理篇

贝类料理篇

备注：
全书1大匙（固体）≈15克
1小匙（固体）≈5克
1杯（固体）≈227克
1大匙（液体）≈15毫升
1小匙（液体）≈5毫升
1杯（液体）≈240毫
烹调用油，书中未具体说明者，均为色拉油。

快速海鲜

新鲜天天换着吃

海鲜的鲜甜滋味常令人一吃就欲罢不能，
许多人喜欢吃海鲜，
却觉得做海鲜料理相当麻烦，
也不懂为何在家总做不出餐厅的好滋味。
其实做海鲜料理并不难，
只要掌握料理海鲜时的几个重点，
加上海鲜本身是适合短时间烹调、简单调味的食材，
运用不同的烹调方式稍做变化，
炒、炸、煎、煮、拌、淋、蒸、烤皆可，
再搭配上其他丰富多变的季节蔬菜或其他食材，
就能轻松在家做出营养又鲜美的海鲜料理。
本书介绍数百道经典、家常和有创意性的海鲜料理，
让你天天都可以享用不同的新菜色。
想吃得丰盛又满足?
翻开本书就能轻松实现。

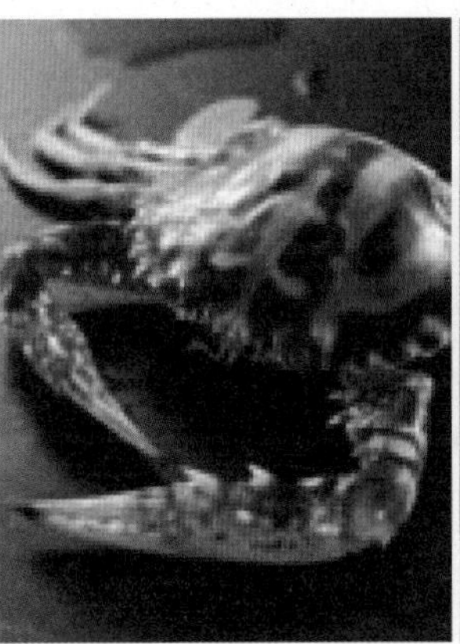

海鲜必备去腥材料

蒜头

蒜头既是一种蔬菜也是一种香料，不论生食、熟食皆宜。在中式的料理上大多用来作为爆香的辛香料，能让食材的味道呈现出来，并增添蒜头本身的香气，更能通过蒜头独特的辛辣口感中和海鲜的腥味。不论是放入汆烫海鲜的水中去腥，或是直接切成蒜末做蘸酱、蒸酱、淋酱都很合适。但蒜头的味道较重，在分量的使用上也需要好好拿捏。

葱

葱的别名为“和事草”，它含有多种矿物质和膳食纤维，能提升人体免疫力、帮助消化，与海鲜的味道十分契合。因此不论是被拿来作为爆香的材料，或者生吃搭配，都能增加菜肴独特的香味。其用途相当广泛，使用上可切葱段腌鱼或是一同烧煮、切葱丝或葱花可用于炒或是作为料理的装饰。

姜

姜的作用很多，除了可以促进血液循环、预防感冒之外，通常在料理中也常被拿来作为爆香的材料。若是和鱼、肉、海鲜等生冷食物一起烹调时，还能有杀菌解毒、去除腥味的效果。也常被用于腌鱼或蒸鱼，但使用上也不宜过多，否则会有太多的辛辣感。

罗勒

罗勒含有丰富维生素A、维生素C及钙质，并且有特殊的香味，是海鲜最佳的提香材料。同时也能美化菜肴，适合在材料起锅前加入，能让香味彻底散发出来。若加热过久，香味会变淡、色泽变黑，同时会有苦味产生。

醋

醋通常作为调味、腌料或者蘸酱之用。醋有白醋和乌醋，而在中式料理中大都使用乌醋来做料理，以适量的分量加入制作，可以将中菜或海鲜的味道提升出来。唯独不可过量，否则容易使菜肴变得过酸，以致失去原有的甜美味道。

米酒

米酒是许多中式料理不可或缺的一项材料。米酒在烹调料理时，具有画龙点睛的效果，尤其是用在海鲜或肉类料理中，一两滴的米酒就能让食物的鲜味散发出来，也能去除不好闻的腥味。不论是煮海鲜汤或是用来腌海鲜都很适合。

柠檬

柠檬本身清新的香气和淡淡的香味可以为海鲜去腥提鲜。使用上可以用挤压的方式将柠檬汁挤出后加入料理材料中，也有解腻的功效。若想要有多一点的柠檬香味，不妨削一些柠檬皮加入食材中，让香味更加浓郁。

胡椒

胡椒有黑胡椒和白胡椒之分，中式的海鲜料理中，相当喜欢使用白胡椒作为去腥的材料。因为白胡椒特有的香气不仅可以盖过腥味，也可以稍加提味；而黑胡椒则常被用于西式料理中，不论是作为腌料或是撒在浓汤上提味都很适合。

海鲜怎么料理最好吃

用烫的方式料理海鲜是最快且最能保留原味的方式，但常常会不小心就烫过头，让鲜味尽失。其实重点在于要先将水煮滚，再放入海鲜烫熟，不要让海鲜在冷水中煮到水滚，这样等水滚了，鲜味也都流失了。

炸

炸海鲜的时候记得油要够热，表皮一定要先沾上薄薄的一层粉或面糊，这样可以在炸的过程保持让海鲜形体保持完整且不会脱皮。同样也不宜切太大块，以免外面烧焦，里面还是生的。

蒸

蒸比起煮来说，因为不会将风味流失在水中，更能保留海鲜的鲜甜味。但是其缺点就在于难以看到锅中的状态，常常蒸过头，而让海鲜口感变老。其实只要注意锅中水要先滚，再放入海鲜，就不容易蒸过头了。

煮

不管是煮汤或是烧煮的方式，海鲜都不宜切太小块，因为煮通常需要以大火且时间较长。所以如果切得太小，海鲜很容易就在大火滚沸的水中散开了。但是如果怕切大块不容易快速煮熟，这时候可以在其表面划上几刀，让内部其容易受热，加快煮熟。

炒

因为海鲜不适合久煮，以免肉质变得又老又干，所以大火快炒时不仅油量要足，还得先将爆香料先下锅，再放入主要食材。此时锅要热，以大火翻炒数下至食材变色，再加入调味料就可以起锅。因此海鲜不能切得太大块，以免外熟内生。

煎鱼技巧完美大公开

煎鱼是许多人害怕的烹调方式，因为鱼皮很容易就粘锅。要避免粘锅可以先切开姜块，利用剖开的那面在锅面均匀涂抹上姜汁，或是在锅中撒入少许的盐，再利用热锅冷油的方式煎鱼。刚入锅的时候不要急着用锅铲翻动，可以先轻晃锅子，如果鱼顺利滑动，再小心翻面继续煎熟，这样煎出来的鱼就不容易粘锅了。

烤海鲜必胜技巧

烤海鲜可以利用铝箔纸包裹起来，再放进烤箱，这样就可以减少海鲜或鱼皮粘在烤盘上的状况。但是记得要在铝箔纸上剪几个小洞以便透气，这样才不会因为水气闷在里面而使肉质过于软烂。

海鲜料理常见问题大解惑

疑惑难题一次解决

虽然了解了海鲜的基本烹调原则，但买回家的海鲜若没有立刻料理，又要怎么保存处理呢？烹调海鲜还有什么其他的小细节？别担心，大厨在这里一次性为您通通解惑，料理海鲜一点也不麻烦。

Q：买回家需要烹调的海鲜，一时片刻使用不完怎么办，要如何保存呢？

A：如果买回家的新鲜海产一时无法一次烹调完毕，建议可以先不用急着清洗，直接将海鲜冷藏。如果像是虾、螃蟹这类的海鲜，可依每次所需要的分量多寡，以小包装的方式包起来冷藏或冷冻。但是贝类切勿放入冰箱里冷冻喔！这样既可以避免水分丢失，也能保持新鲜度。

Q：汆烫海鲜的时候有什么需要特别注意的小细节吗？

A：海鲜放入滚水中汆烫时，只要海鲜表面一变色就要马上捞起海鲜，以避免海鲜的营养成分流失得过多。同时也可以避免海鲜煮得过老，捞起的海鲜可以用拌炒或是其他的方式来烹调。

Q：清蒸鱼最能吃到原味，但怎么蒸才能保持鱼肉完整又没腥味呢？

A：蒸鱼的时候可以在蒸盘上先放上姜片，不但可以去除鱼腥味，也可以将鱼皮与蒸盘隔离。这样就可以避免鱼皮粘在盘上，保持鱼外观的完整性。而鱼上面放的葱段同样有去腥的效果。当蒸完之后记得要拣去姜片与葱段，因为已经过于软烂无味。放入蒸笼之前记得让锅中的水先煮开，这样蒸好的鱼才能保持鱼肉鲜嫩。

Q：要怎么煮才能煮出美味的鱼汤？

A：要用来煮汤的鱼，不管是切片或是切块，都不要切得太小，这样可以保持鱼肉鲜嫩，也不会使鱼肉煮得过老。另外在鱼肉下锅煮之前，可以先用热水冲在鱼肉上，这种冲热水的汆烫方式，可以去除鱼腥味，又可以让鱼肉表面凝结以保持鱼肉鲜味不流失，更不用担心烫太久让肉质老化。

Q：炸鱼要怎么确定鱼到底熟了没？

A：一开始将鱼放入已热好的油锅中，热油会因为炸出了鱼中多余的水分，而使油锅中的气泡与水气都比较多。当油炸了几分钟后，气泡与水气变少了，就表示鱼已经炸好，可以将鱼捞出了。如果是全鱼，以中火

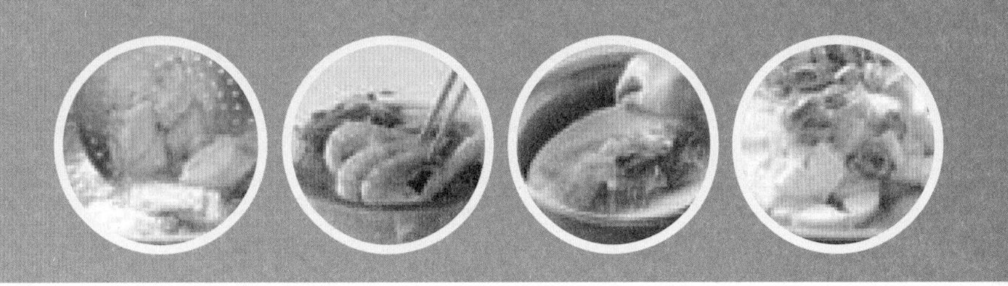

油炸约10分钟即可，如果是鱼块，则只需要炸约3分钟就可以了。

Q：煎鱼要怎么煎才不会破碎而影响外观？

A：煎鱼最怕煎得破损难看，虽不影响味道但会影响美观，所以要避免时常翻动。翻面时要待鱼的周围呈现略干，以锅铲从鱼背慢慢铲起，接着将鱼腹慢慢铲松，再翻面煎至两面皆呈金黄色即可。

Q：要怎么将新鲜虾快速剥壳成虾仁？

A：想要自己剥新鲜虾当虾仁，虾壳确实很难快速剥下，这是因为新鲜的虾肉与壳还紧密粘在一起，因此不好剥下。放了越久的虾，越好剥下。但是若要趁鲜剥壳，最好的方式是先将虾浸泡冰水，让虾肉紧缩，壳就容易去除了。

Q：淡水鱼与海水鱼的口感差异在哪？

A：一般中南部沿海都养殖淡水鱼，如：吴郭鱼、鲈鱼、虱目鱼、鲤鱼、大头鲢等，口感较绵密。烹煮时大部分会搭配酱汁和较重的辛香料一起烩煮，或是使用油炸的方式呈现，这样才能去除淡水鱼的土味和较重的鱼腥味。海水鱼是俗称的“咸水鱼”，在台湾的四周都有渔民在沿海养殖，或在外海捕捞，常见鱼种有红甘鱼、金枪鱼、石斑鱼、迦纳鱼、红目鲢、翻车鱼、鳕鱼等。这类鱼烹煮方式较广泛，口感会较扎实，通常都会清蒸、生食，或使用较淡的酱汁烩煮。

Q：新鲜鱿鱼与泡发鱿鱼差别在哪里？

A：鱿鱼有分新鲜鱿鱼和泡发鱿鱼，以阿根廷进口的品质最好。新鲜鱿鱼的料理法一般都是用烤的，而泡发过的鱿鱼口感较脆，适合油炸、快炒、氽烫蘸酱，或做成羹汤。提醒你在挑选发过的鱿鱼时要特别注意，如果鱿鱼肉比较厚就表示发的时间久、含水量高，吃起来口感较不脆。

Q：吃不完的熟墨鱼要如何恢复原来的味道呢？

A：与墨鱼同类的生猛海鲜，是以刚煮出来、热气腾腾为最佳。但若一时吃不完，有个小秘诀可以让墨鱼尽量恢复原有的美味，那就是用保鲜膜将装墨鱼的容器封起来冷藏。等到下一次要品尝前，先将墨鱼以外的食材先放入锅中加热，起锅前再放入墨鱼略热即可。如此一来就可以避免墨鱼的肉质过老或过硬，并保持新鲜味道，其余如鱿鱼等料理的热食方式亦同。

Q：炒蛤蜊常常会遇到有些蛤蜊炒不开的情况，该怎么做？

A：因为大火快炒的时间比较短，若是受热不均匀，就很容易使有的壳打开、有的没有，要炒到全部的壳都打开，又会使有些蛤蜊炒到过老。这时不妨在热炒之前稍微将蛤蜊氽烫过水，壳打开后立刻捞起再下锅炒，不需要炒太久就能简单入味，又不会有壳闭合不开的困扰了。腌咸蚬也适用于这个方法喔！

Q：使用平底锅煎牡蛎煎时，都会粘锅底，该怎么办呢？

A：煎牡蛎煎会粘锅底，有可能是配方比例错误，或是煎的油过少。若是油量足够仍然会粘锅底，也有可能是一开始下锅时锅子的温度不够。建议一开始先以大火煎1～2分钟，再改以中火煎才不易焦，待粉浆半熟后再翻面就不易粘锅，也能将牡蛎煎的形状煎得完整了。

鱼类料理篇

吃鱼可以说是好处多多。因为鱼类不仅含有丰富的蛋白质、DHA等营养，而且比猪肉、牛肉、羊肉等红肉的热量少，美味且不用担心会给身体造成负担。

虽然吃鱼的好处多，但是也有人因为不喜欢鱼腥味或是觉得挑鱼刺很麻烦而不喜欢吃鱼。其实只要用对料理，就能够去除鱼腥，也可以让料理快速入味。如果您不喜欢鱼刺多的鱼，也可以选择鱼片或是市面上经过处理的鱼块来料理，料理方便且食用上也安全。现在就试着运用不同的烹调方法，动手做出一道道美味无比的鱼类料理吧！

鱼类的挑选、处理诀窍大公开

◎鱼眼

从鱼的外观上，我们可以先注意到它的眼睛。鱼眼睛清亮而黑白分明的话，就表示这条鱼相当新鲜。但是如果鱼眼睛出现了混浊雾状的鱼浊度时，就表示这鱼已经放了一段时间，鲜度已经流失了。

←眼睛透明、清亮

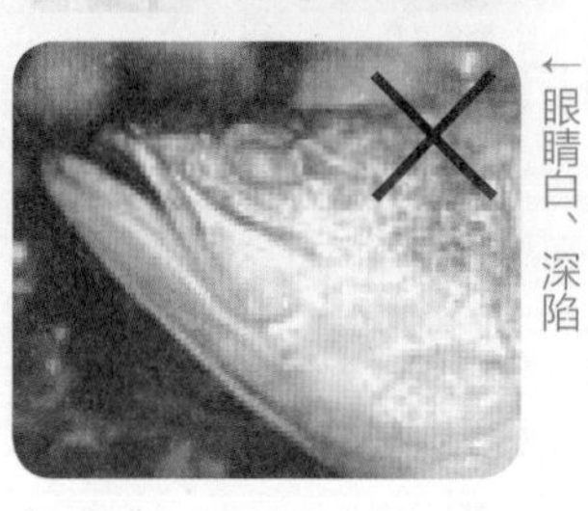

←眼睛白、深陷

◎鱼鳞

检查完眼睛后，就要看鱼身上的鳞片是否有鲜度、有光泽。有的鱼摊会为了让鱼看起来新鲜，而打上灯光，但千万不能让灯光给蒙骗了。要用手去摸摸它的鳞片是否完整，同时也可以拿起来细看，鳞片是否有自然的光泽，而并不是暗淡无色的。

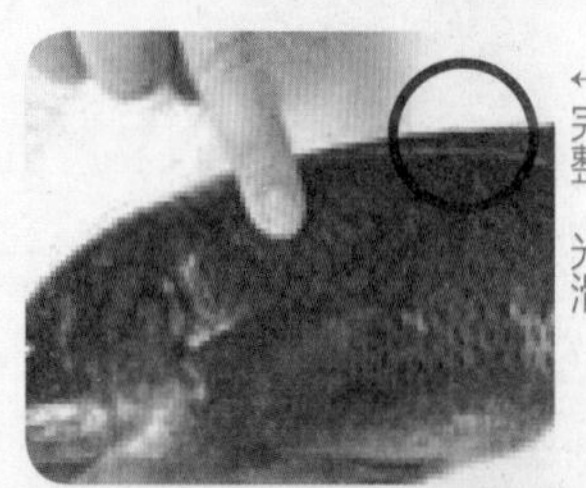

←完整、光滑

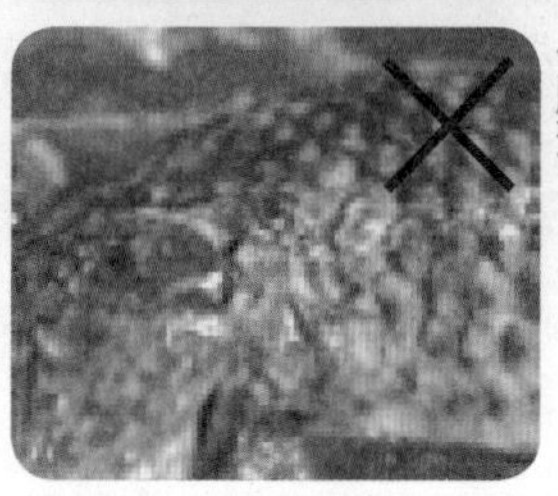

←脱落

◎鱼鳃

检查完鱼的外观后，可别忘了还有个部分很重要，那就是鳃。鱼鳃是鱼在水里时空气供给的部位，因为鳃有许多血管，所以它一定要保持相当的活动力。因此，在检查鲜度时，这里是不能遗漏的部分，翻开鱼鳃部位，除了检查它是否鲜红之外，更要用手轻摸一下，确定其没有被上色。

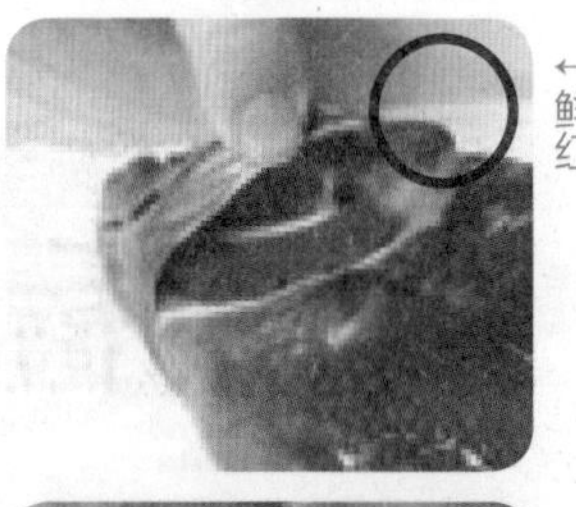

←鲜红

←暗红

◎鱼腹

好的鲜鱼应该是富有弹性的，如果轻轻按压鱼腹，肉质却塌陷下去，就表示已经缺乏弹性、水分流失了。注意，有些鱼贩会刻意将不新鲜的鱼冰冻起来，使鱼腹摸起来会因结冻而硬邦邦，不易分辨出新鲜度，这时就要特别留意了。

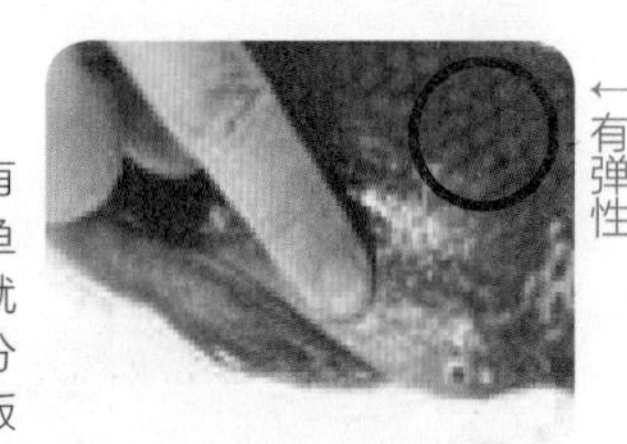

←有弹性

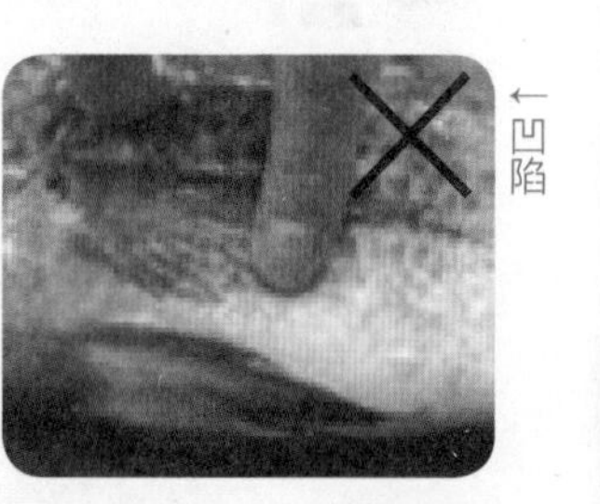

←凹陷

◎颜色

如果是已经切片，而不是整条的鲜鱼，就无法从以上方法检验新鲜度。但别担心，看鱼肉的颜色也是可以判别的。新鲜的鱼肉质颜色较鲜亮，放久的鱼肉颜色会变淡，也就较不新鲜了。

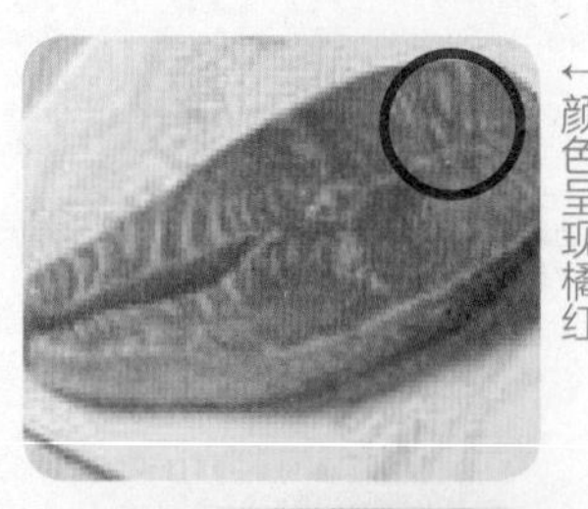

←颜色呈现橘红

←颜色较淡

◎弹性

道理和按压鱼腹相同，新鲜的鱼肉质应该是富有弹性的，如果轻轻按压切片鱼，鱼肉塌陷下去，就是已经不新鲜了，买时要特别注意。

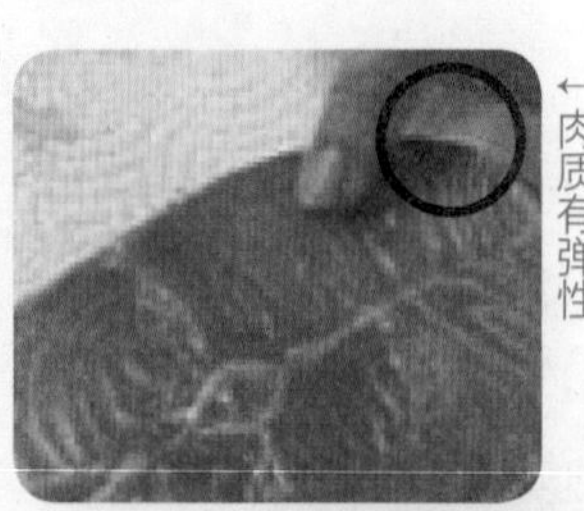

←肉质有弹性

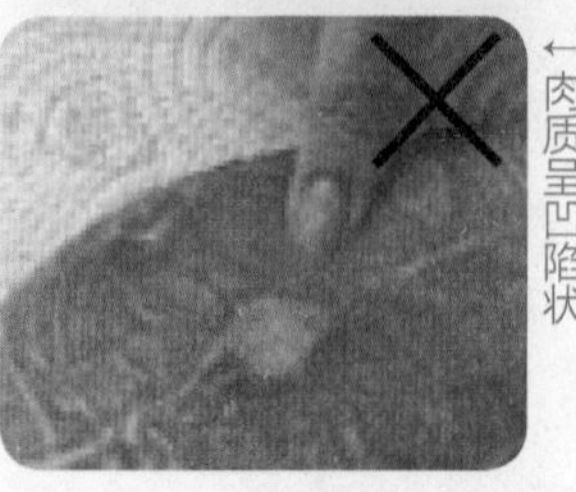

←肉质呈凹陷状

怎么挑选判断才能买到新鲜美味的鱼呢？虽然可以请鱼贩帮忙处理干净内脏，但万一鱼贩没有弄干净，自己回家又要怎么处理才好呢？没关系，以下将教你几个简单小诀窍，让你可以轻松处理这些海鲜。

鱼处理步骤

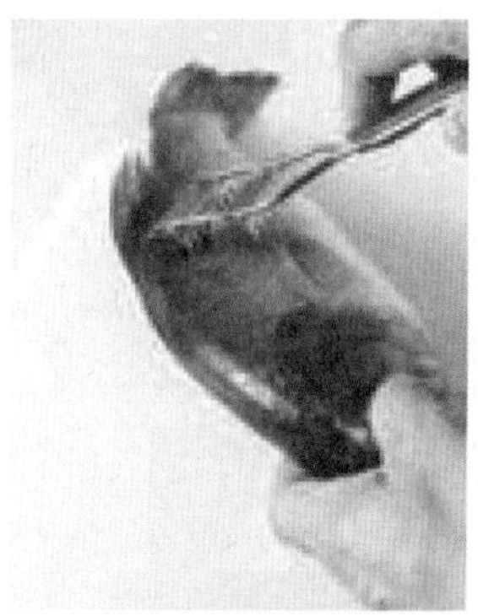

1 以刮鳞刀去除鱼身残留的鱼鳞。

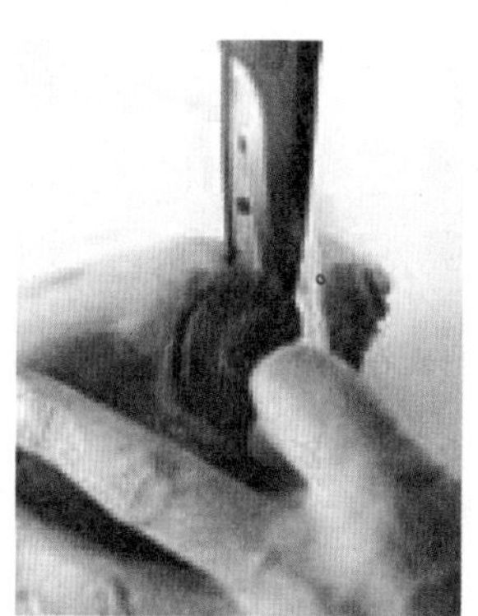

2 用剪刀将鱼鳃剪除。

3 藏在鱼肚中未清理干净的内脏要彻底清除。

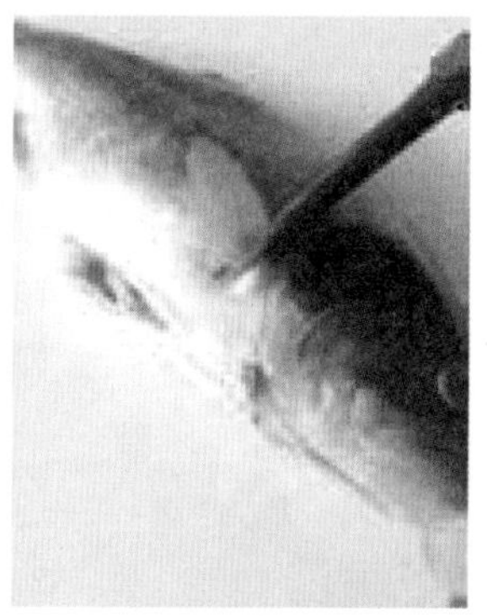

4 修剪鱼鳍，不仅美观，也较不会被刺伤。

5 将鱼身内外彻底清洗干净，沥干水分。

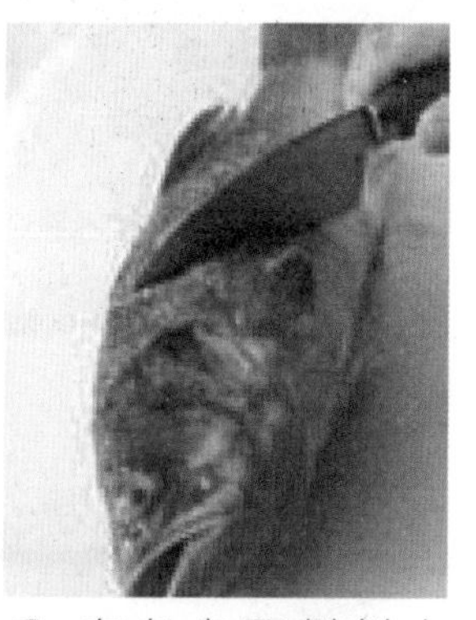

6 在鱼身两侧划上数刀。

尝鲜保存小妙招

鱼的新鲜远比保存来得重要，因此在选购时只要选购得对，保存起来就不会有太大问题了。将鱼放入冰箱冷藏或冷冻时，记得先将鱼表面的水分拭干。如果是整条鱼，可以先将肚内的内脏还有鱼鳃先取出，就可以延长保存期限。而鱼片通常已经是处理过的，直接冷藏即可。

001 宫保鱼丁

材料o

旗鱼肉……200克
干辣椒（宫干）…10克
葱段……20克
蒜末……5克
蒜香花生……30克

调味料o

A 酱油……2小匙
蛋清……1小匙
淀粉……1大匙
B 白醋……1小匙
酱油……1大匙
糖……1小匙
米酒……1小匙
水……1大匙
淀粉……1/2小匙
C 香油……1小匙

做法o

1. 先将旗鱼肉洗净切成约1.5厘米的丁状，放入大碗中和调味料A混合拌匀备用。
2. 热油锅至约150℃，将旗鱼丁放入油锅内炸约2分钟，至表面酥脆后起锅沥干油。
3. 将调味料B调匀成兑汁备用。
4. 热锅，加入适量色拉油，以小火爆香葱段、蒜末及干辣椒，再放入旗鱼丁，转大火快炒后边炒边将兑汁淋入，拌炒均匀再撒上蒜香花生，淋上香油即可。

002 三杯鱼块

材料o

草鱼肉……300克
姜……50克
红辣椒……2个
罗勒……20克
蒜仁……30克

调味料o

胡麻油……2大匙
米酒……4大匙
酱油膏……2大匙
水……2大匙

做法o

1. 先将草鱼肉洗净切厚片；姜洗净切片；红辣椒洗净剖半；罗勒挑去粗茎洗净，备用。
2. 热油锅，先以小火将蒜仁炸至金黄后捞起；再热锅至约180℃，将草鱼片放入锅中，以大火炸至酥脆后捞起沥干油。
3. 另热一锅，放入胡麻油，以小火爆香姜片及辣椒，接着放入草鱼片、蒜仁及所有调味料，转大火煮滚后持续翻炒至汤汁收干，再加入罗勒略为拌匀即可。

Tips.料理小秘诀

不管用哪种鱼，原则都是一样的。第一是爆香老姜片，炒到姜片颜色变深且稍微卷曲，第二是加入主材料和调味料炒至汤汁略收干，第三是起锅前加入罗勒提香。这三个步骤就能做出美味三杯鱼料理。

003 糖醋鲜鱼

材料

鲜鱼1条、葱适量、姜适量、洋葱丁50克、青椒丁40克、红甜椒丁30克

调味料

米酒适量、盐适量、淀粉适量、番茄酱2大匙、白醋5大匙、水3大匙、糖7大匙、水淀粉1大匙、香油1小匙

做法

1. 将鲜鱼洗净，取出腹部内脏，以刀在鱼身两面各划几刀，备用。
2. 将葱洗净切段、姜洗净切片，放入大碗中，加入盐及米酒，用手以抓、压的方式腌渍，待葱和姜出汁后，取出葱、姜，留下腌汁备用。
3. 把鲜鱼放入做法2的大碗中，将鲜鱼全身浸泡过腌汁，再均匀沾上薄薄一层淀粉。
4. 取锅加热，倒入可盖过鱼身的色拉油量，加热至180℃，将鱼放入锅中，以小火油炸，待表面定型后即可翻动，转中小火，续炸10分钟，将鱼盛盘备用。
5. 另取锅加热，加入少许油，放入洋葱丁略炒香，加入青椒丁及红甜椒丁拌炒，再倒入番茄酱、白醋、水及糖，煮滚后，以水淀粉勾芡，关火淋上香油。
6. 将糖醋酱淋在鱼上即可。

004 五彩糖醋鱼

材料

炸鱼……1条
姜……10克
青椒……10克
洋葱……10克
红甜椒……10克
玉米粒……10克
菠萝片……10克

调味料

番茄酱……2大匙
糖……4大匙
白醋……4大匙
盐……1/2小匙
米酒……1大匙

做法

1. 姜、青椒、洋葱、红甜椒洗净切丁；菠萝片切小块。
2. 热油锅，爆香姜后，将青椒丁、洋葱丁、红甜椒丁及菠萝块与所有调味料以小火煮匀，即为五彩糖醋酱。
3. 将炸鱼放入大盘中，淋上五彩糖醋酱即可。

005 清炒鱼片

材料o

鲷鱼肉……………300克
西芹………………150克
茭白………………60克
胡萝卜片…………25克
红辣椒片…………10克
蒜末………………10克
嫩姜片……………少许

腌料o

盐…………………少许
米酒………………1小匙
淀粉………………少许

调味料o

盐…………………1/4小匙
鸡粉………………1/4小匙
米酒………………1大匙

做法o

1. 鲷鱼肉洗净切厚片，放入腌料中腌约10分钟，再放入120℃的油中过一下油，备用。
2. 西芹去除叶片及表面粗纤维，切菱形片；茭白去壳洗净切圆片，备用。
3. 热锅，倒入2大匙的油，放入红辣椒片、蒜末、嫩姜片爆香，再放入西芹、茭白及胡萝卜片、水50毫升炒匀，加入鱼片及所有调味料炒匀即可。

006 椒麻炒鱼柳

材料o

鲷鱼片……………2片
蒜末………………少许
红辣椒片…………适量
葱花………………少许
红薯粉……………2大匙

调味料o

花椒粉……………1小匙
辣椒油……………1大匙
盐…………………适量
白胡椒粉…………适量
米酒………………1大匙
香油………………1小匙

做法o

1. 鲷鱼片略冲水沥干，切长条状，再裹上红薯粉备用。
2. 将鱼片放入油温约150℃的油锅中，炸至外观呈金黄色后，再以220℃的油温炸约5秒即捞起沥油。
3. 取锅，加入少许油烧热，加入蒜末、红辣椒片、葱花和所有的调味料一起爆香，再加入鱼条以中火轻轻翻炒均匀即可。

007 蒜苗炒鲷鱼

材料

蒜苗……150克
鲷鱼……300克
红辣椒片……10克
姜丝……10克
蒜末……5克

调味料

盐……1/2小匙
糖……1/2小匙
鸡粉……1/2小匙
乌醋……1/2大匙
酱油……少许
米酒……1大匙

做法

1. 鲷鱼洗净切小片备用。
2. 蒜苗洗净切片，蒜白与蒜尾分开洗净备用。
3. 热锅，倒入2大匙油，放入蒜末、姜丝爆香。
4. 放入红辣椒片、蒜白炒香，再加入鲷鱼片炒约1分钟。
5. 加入所有调味料、蒜尾炒匀即可。

Tips.料理小秘诀

适合用来大火快炒的鱼肉，最好挑选肉质稍微结实的鱼种，否则肉质太嫩的鱼一炒就会散开，不但卖相不好，口感也差。

008 油爆石斑片

材料

A 石斑鱼片……约6片（10克／片）
淀粉……50克
蛋清……1个
B 芦笋……50克
香菇……50克
胡萝卜片……50克

调味料

糖……1/2小匙
盐……1/2小匙

做法

1. 将淀粉与蛋清混合均匀，放入石斑鱼片沾裹均匀备用。
2. 芦笋洗净切段，香菇洗净切片备用。
3. 热1大匙油，将石斑鱼片稍微过一下油后，捞起沥油备用。
4. 另热1小匙油，加入石斑鱼片以及芦笋段、香菇片、胡萝卜片与所有调味料，快速拌炒约1分钟至均匀入味即可。

009 茭白炒鱼片

材料○

茭白……………200克
鲷鱼片……………150克
甜豆荚……………10克
胡萝卜片……………5克
葱（切段）…………1根
姜（切片）…………10克

腌料○

盐……………1/2小匙
米酒……………1大匙
白胡椒粉…………1/2小匙
淀粉……………1大匙

调味料○

鱼露……………2大匙
米酒……………1大匙
糖……………1小匙

做法○

1. 甜豆荚洗净放入滚水中汆烫熟，备用。
2. 茭白洗净切滚刀块，放入滚水中煮1～2分钟，再捞起、沥干，备用。
3. 鲷鱼片加入腌料抓匀，腌渍约15分钟后入油锅过油后捞起，备用。
4. 热锅，加入适量色拉油，放入葱段、姜片、胡萝卜片炒香，再加入茭白、鲷鱼片与所有调味料拌炒均匀，起锅前加入甜豆荚炒匀配色即可。

010 蜜汁鱼下巴

材料○

鲷鱼下巴……………4片
（约400克）
姜……………10克
蒜仁……………5克

调味料○

米酒……………1大匙
酱油……………2大匙
糖……………3大匙
水……………100毫升

做法○

1. 先将鲷鱼下巴洗净，以厨房纸巾擦干；姜洗净切末，蒜仁洗净切末备用。
2. 热锅，倒入约3大匙油，将鱼下巴放入锅内，煎至两面呈焦黄后取出。
3. 于锅底留少许油，放入姜末及蒜末炒香，再加入米酒、酱油及糖煮滚。
4. 续加入鱼下巴，转中火煮滚，边煮边翻炒鱼下巴，至汤汁收干成稠状即可。

011 黑胡椒洋葱鱼条

材料

洋葱丝……………适量
鲷鱼……………200克
蒜片……………适量
红辣椒片……………少许
葱段……………少许

调味料

黑胡椒酱……………3大匙
米酒……………2大匙

做法

1. 将鲷鱼洗净切条，用餐巾纸吸干水分备用。
2. 起锅，加入适量油烧热，放入蒜片、红辣椒片、葱段爆香，再加入洋葱丝炒香。
3. 续加入鲷鱼条、所有调味料，以中火一起翻炒至熟即可。

Tips.料理小秘诀

鱼肉在料理前，也可以先用滚水汆烫后再下锅。这样可以让鱼肉在料理时不易粘锅与松散。

012 酸菜炒三文鱼

材料

客家酸菜……………150克
三文鱼……………1片
葱……………1根
姜……………15克
蒜仁……………3粒
红辣椒……………1个

调味料

白醋……………1小匙
香油……………1小匙
盐……………少许
白胡椒粉……………少许
糖……………1小匙
酱油……………1小匙

做法

1. 先将三文鱼洗净，切成小块状；客家酸菜洗净，切成小块状，再泡冷水去除咸味备用；葱洗净切段；姜、蒜仁、红辣椒都洗净切成片状备用。
2. 取一炒锅，先加入1大匙色拉油，放入葱段、蒜片、红辣椒片先炒香，再放入客家酸菜拌炒煸香。
3. 接着加入三文鱼块，稍微拌炒后再加入所有的调味料，以大火翻炒均匀至材料入味即可。

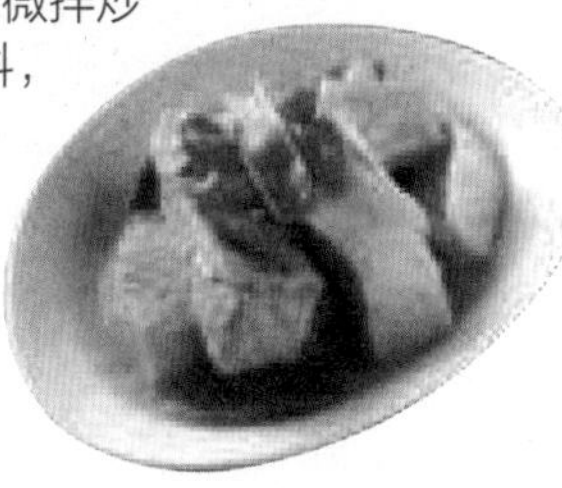

013 香蒜鲷鱼片

材料

A 蒜仁……6粒
鲷鱼片……100克
葱……1根
红辣椒……1/2个
B 中筋面粉……7大匙
淀粉……1大匙
色拉油……1大匙
吉士粉……1小匙

调味料

盐……1/2小匙
七味粉……1大匙
白胡椒粉……少许

做法

1. 鲷鱼片洗净切小片，均匀沾裹混合的材料B；蒜仁洗净切片；葱洗净切小片；红辣椒洗净切菱形片，备用。
2. 热锅倒入稍多的油，放入鲷鱼片炸熟，捞起沥干备用。
3. 将蒜片放入锅中，炸至香酥即成蒜酥，捞起沥干备用。
4. 锅中留少许油，放入葱片、红辣椒片爆香，再放入鲷鱼片、蒜酥及所有调味料拌炒均匀即可。

014 泰式酸甜鱼片

材料

鲷鱼肉180克、洋葱丝30克

调味料

A 盐1/4小匙、蛋清1大匙、白胡椒粉1/4小匙、米酒1小匙
B 泰式甜鸡酱4大匙、柠檬汁1小匙、香油1小匙、淀粉1大匙

做法

1. 先将鲷鱼肉洗净切厚片，放入大碗中，加入调味料A拌匀，腌约2分钟备用。
2. 热锅，倒入约300毫升的油，烧热至约180℃，将鲷鱼片均匀地沾裹上淀粉，放入锅内以中火炸约2分钟，至表面呈金黄色后捞起沥干油。
3. 另热一锅，加入少许油，以大火略炒香洋葱丝后，倒入泰式甜鸡酱、柠檬汁及水，煮滚后加入鲷鱼片快速翻炒均匀，最后再洒入香油即可。

Tips.料理小秘诀

市售的鲷鱼大多是已经处理好的，在一般的市场或超市都很容易购买得到。鲷鱼因为较少刺，所以成为许多餐厅鱼类料理的首选。但因为鲷鱼常有腥味，故料理前建议先去腥或使用较重口味的料理法。

015 沙嗲咖喱鱼

材料

A 鲷鱼……………150克
洋葱……………10克
青椒……………10克
红甜椒……………10克
B 中筋面粉……7大匙
淀粉……………1大匙
色拉油……………1大匙
吉士粉……………1小匙

腌料

盐……………少许
白胡椒粉……………少许
米酒……………1小匙
淀粉……………10克

调味料

水……………50毫升
盐……………1/2小匙
糖……………1/2小匙
米酒……………1大匙
沙茶酱……………1小匙
咖喱粉……………1小匙

做法

1. 鲷鱼切小片，加入腌料腌约5分钟，再均匀沾裹上混合的材料B。
2. 洋葱洗净去皮切块；青椒、红辣椒洗净去籽切块，备用。
3. 热锅倒入稍多的油，放入鲷鱼片炸熟，捞起沥干备用。
4. 锅中留少许油，放入做法2的材料炒香，加入所有调味料及水炒匀后，加入鲷鱼片拌炒均匀即可。

016 XO酱炒石斑

材料

石斑鱼肉……………200克
西芹……………50克
姜……………20克
葱……………2根

调味料

A 淀粉……………1/2小匙
盐……………1/8小匙
米酒……………1/2小匙
蛋清……………1小匙
B 高汤……………2大匙
盐……………1/6小匙
鸡粉……………1/6小匙
糖……………1/8小匙
白胡椒粉……1/8小匙
C XO酱……………1大匙
水淀粉……………1小匙
香油……………1小匙

做法

1. 石斑鱼肉洗净，切厚片置于碗中，加入调味料A抓匀，备用。
2. 调味料B混合成调味汁；西芹洗净、去掉粗纤维、切斜片；姜洗净去皮、切小片；葱洗净、切段，备用。
3. 大火热锅，倒入2大碗油，烧热至约120℃，放入鱼片过油，至鱼肉表面变白即捞起。
4. 另热锅倒入1大匙油，放入葱段、姜片及XO酱，以小火爆香，再放入西芹片转大火炒约1分钟。
5. 将鱼片放入锅中，淋上做法2的调味汁，略为翻炒后淋上水淀粉勾芡，再淋上香油即可。

017 蒜香银鱼

材料

银鱼……300克
蒜末……10克
姜末……10克
红辣椒末……10克
蒜苗末……15克

调味料

酱油……1小匙
盐……少许
糖……1/4小匙
米酒……1/2大匙
乌醋……少许

做法

1. 银鱼洗净沥干，放入油锅略炸一下至微干，捞出沥油。
2. 取锅烧热后倒入少许油，放入蒜末、姜末爆香，再放入红辣椒末、蒜苗末，续加入银鱼与所有调味料拌炒均匀即可。

018 辣味花生银鱼

材料

银鱼200克、蒜味花生70克、蒜末10克、姜末10克、红辣椒末15克、葱末15克

调味料

米酒1大匙、白胡椒粉少许、辣椒油少许、糖少许

做法

1. 热锅，加入3大匙色拉油，放入蒜末、姜末、红辣椒末爆香，再放入洗净的银鱼拌炒至微干。
2. 于锅中加入所有调味料拌炒入味，再放入蒜味花生及葱末拌炒均匀即可。

Tips.料理小秘诀

辛香料对海鲜有去腥、增香的作用，能让银鱼的腥味消失。若时间足够，炒银鱼前可先将其下锅略炸，味道会较香，鱼身也会保持得较为完整。

019 西芹炒银鱼

材料

西芹……240克
银鱼……150克
姜……20克
红辣椒……1个
橄榄油……1小匙

调味料

米酒……1大匙
味醂……1/2小匙

做法

1. 西芹洗净切长条；银鱼洗净沥干；姜和红辣椒洗净切末。
2. 取一不粘锅放油后，将银鱼、姜末、红辣椒末放入锅中，以小火拌炒至干酥。
3. 加入西芹条略拌后，续加入所有调味料炒至干松即可。

Tips.料理小秘诀

银鱼含丰富钙质，且低热量、高蛋白，加上柔软易消化，是老少皆宜的鱼类。市面上贩售的银鱼多经加工，所以多含有盐分，烹煮前要冲水去除一些盐分。

020 辣味丁香鱼

材料

丁香鱼干……120克
豆干……100克
红辣椒片……30克
青椒片……25克
蒜末……10克
豆豉……20克

调味料

酱油……1/2大匙
盐……少许
糖……1/2小匙
米酒……1大匙
白胡椒粉……少许

做法

1. 丁香鱼干洗净沥干；豆干洗净切丝备用。
2. 将豆干放入热油中炸至微干后，放入丁香鱼干略炸，再捞出沥油备用。
3. 取一锅，加入1大匙油烧热，放入蒜末、豆豉先爆香，再放入红辣椒片、青椒片、豆干丝、丁香鱼干拌炒，最后加入调味料炒至入味。
4. 将做法3的材料盛盘，待凉后以的材料保鲜膜封紧，放入冰箱中冷藏至冰凉，食用前取出即可。

021 香菜炒丁香鱼

材料

香菜……35克
丁香鱼……150克
葱……30克
蒜仁……20克
红辣椒……1个

调味料

淀粉……约3大匙
白胡椒盐……1小匙

做法

1. 把丁香鱼洗净沥干；葱、香菜洗净切小段；蒜仁及红辣椒洗净切细碎备用。
2. 起一油锅，油温烧热至180℃，将丁香鱼裹上一层淀粉后，下油锅以大火炸约2分钟至表面酥脆，即可捞起沥干油，备用。
3. 起一炒锅，热锅后加入少许色拉油，以大火略爆香葱段、蒜碎、红辣椒碎及香菜段后，加入丁香鱼，再均匀撒入白胡椒盐，以大火快速翻炒均匀即可。

Tips.料理小秘诀

丁香鱼干在选购上要选择整尾完整的，用手去抓鱼干。如果会粘手，表示鱼干可能已经受潮，有残余白色细末的，应该是鱼干存放的时间较久。碰到这两种情况，就表示鱼干不够新鲜，味道也会比较差。

022 鲜爆脆鳝片

材料○

鳝鱼……………100克
葱……………2支
蒜仁……………15克
红辣椒……………1个
竹笋……………60克
小黄瓜……………60克
胡萝卜……………30克

调味料○

A 盐……………1/6小匙
糖……………1大匙
乌醋……………1.5大匙
水……………50毫升
米酒……………1小匙
B 水淀粉……………1小匙
香油……………1小匙

做法○

1. 把鳝鱼洗净后切小片，备用。
2. 竹笋、小黄瓜、胡萝卜洗净切片；葱、红辣椒及蒜仁洗净切末，备用。
3. 热锅，加入2大匙色拉油，以小火爆香葱末、蒜末、红辣椒末，再加入鳝鱼片以大火炒匀。
4. 加入调味料A及竹笋片、小黄瓜片和胡萝卜片，炒约1分钟后，再用水淀粉勾芡，最后洒上香油即可。

023 韭黄鳝糊

材料○

韭黄……………80克
鳝鱼……………100克
姜……………10克
红辣椒……………5克
蒜仁……………5克
香菜……………2克
水淀粉……………1大匙

调味料○

A 糖……………1大匙
酱油……………1小匙
蚝油……………1小匙
白醋……………1小匙
米酒……………1大匙
B 香油……………1小匙

做法○

1. 鳝鱼洗净放入沸水中煮熟，捞出放凉后撕成小段，备用。
2. 韭黄洗净切段；姜洗净切丝；红辣椒洗净切丝；蒜头洗净切末，备用。
3. 热锅倒入适量的油，放入姜丝、红辣椒丝爆香，再放入韭黄段炒匀。
4. 加入鳝鱼段及调味料A拌炒均匀，再以水淀粉勾芡后盛盘。
5. 于做法4的鳝糊中，放上蒜末、香菜，另煮滚香油淋在蒜末上即可。

024 酸辣炒鱼肚

材料○

酸菜……100克
姜……20克
红辣椒……2个
鱼肚……170克

调味料○

A 盐……1/4小匙
糖……1大匙
白醋……1大匙
水……50毫升
料酒……1大匙
B 水淀粉……1小匙
香油……1小匙

做法○

1. 把鱼肚洗净后切丝；酸菜洗净切丝；姜及红辣椒洗净切丝，备用。
2. 热锅后，加入1大匙色拉油，以小火爆香姜丝、红辣椒丝，再加入鱼肚丝、酸菜丝转大火炒匀。
3. 加入调味料A炒约1分钟，再用水淀粉勾芡并洒上香油即可。

Tips.料理小秘诀

本道菜所用鱼肚不是常吃的虱目鱼肚，而是一种海鲜干货材料，较常使用于中式宴客菜中。在挑选鱼肚时，记得选择表面色泽明亮、较厚、较大片且较整齐者为佳。

025 酸辣鱼皮

材料○

鱼皮……300克
包心菜……60克
竹笋……50克
胡萝卜……15克
红辣椒……2个
葱……2根
姜……10克

调味料○

A 盐……1/6小匙
米酒……1小匙
鸡粉……1/6小匙
糖……1小匙
乌醋……1大匙
水……50毫升
B 水淀粉……1小匙
香油……1小匙

做法○

1. 将鱼皮洗净放入滚水中汆烫至熟后，捞出冲凉水，备用。
2. 把包心菜、胡萝卜、竹笋洗净切片；红辣椒洗净切末、葱洗净切段、姜洗净切丝，备用。
3. 热锅，加入少许色拉油，以小火爆香葱段、姜丝及红辣椒末，再加入鱼皮、包心菜片、笋片及胡萝卜片同炒。
4. 淋上米酒略炒后，加入调味料A以中火炒至包心菜片略软后，再以水淀粉勾芡，最后淋上香油即可。

026 蒜酥鱼块

材料

蒜酥……30克
鲈鱼肉……300克
葱花……20克
红辣椒末……5克

调味料

A 盐……1/4小匙
蛋清……1大匙
B 盐……1小匙

做法

1. 鲈鱼肉洗净，先切小块后再切花刀，用厨房纸巾略为吸干水分，与调味料A拌匀。
2. 将鲈鱼肉均匀地沾裹上淀粉。
3. 热一锅油，待油温烧热至约160℃，放入鲈鱼肉以大火炸约1分钟，至表皮酥脆时捞出沥干油。
4. 续将油倒出，于锅底留少许油，以小火炒香葱花及红辣椒末后，加入蒜酥、鲈鱼块及盐炒匀即可。

Tips.料理小秘诀

先将鱼块炸过再炒，除了可以让鱼吃起来口感较好，还可以使鱼在炒的过程中不易炒散。但记得炸的时间不宜太久，以免鱼肉过老而不美味，再利用炸过的蒜头酥一起炒更能增添香气。

027 椒盐鱼块

材料

鱼肉……300克
蒜末……10克
葱花……20克
红辣椒末……5克
淀粉……50克

调味料

A 盐……1/4小匙
蛋清……1大匙
B 椒盐粉……1小匙

做法

1. 先将鱼肉洗净切小块，再切花刀，用厨房纸巾略为吸干水分，放入大碗中，加入调味料A拌匀。
2. 将鱼肉均匀地沾裹上淀粉。
3. 热一锅油，将油温烧热至约160℃，放入鱼肉，以大火炸约1分钟至表皮酥脆时捞出沥干油。
4. 将油倒出，锅底留少许油，以小火炒香蒜末、葱花及红辣椒末后，加入鱼肉、椒盐粉炒匀即可。

Tips.料理小秘诀

油炸鱼料理通常不需要太长的时间，但缺点就是几乎只能表现出食材的新鲜原味，味道的变化少。酥炸之后以椒盐粉快速地翻炒一下，让酥脆的口感外再包覆一层咸香，美味也更上一层。

028 锅贴鱼片

材料

鲷鱼肉……1片
切片土司……4片
香菜叶……少许

调味料

盐……1/4小匙
鸡粉……1/4小匙
白胡椒粉……1/4小匙
米酒……1/4小匙
淀粉……1小匙
蛋黄……1个

做法

1. 将鲷鱼肉洗净以斜刀片切成8片（面积约6×4厘米），再加入所有调味料混合拌匀，腌渍约5分钟。
2. 土司对切成8片，再将腌好的鲷鱼片平铺于土司上，撕一片香菜叶粘于鱼片上，轻压一下后静置1分钟，使鱼片与土司粘紧。
3. 热一锅油，待油温烧热至约120℃时转小火，放入做法2的鱼片土司，以小火炸至表面呈金黄色，再捞起沥油即可。

Tips.料理小秘诀

做法2记得要稍微静置，才不会在下油锅的时候让土司与鱼片分离而不美味。这道菜的鲷鱼片因为切得较薄，所以油炸的时间不需要太久，以免鱼肉过老。

029 酥炸鱼条

材料

A 鲷鱼肉……200克
B 低筋面粉……1/2杯
糯米粉……1/4杯
淀粉……1/8杯
吉士粉……1/8杯
泡打粉……1/2小匙
水……150毫升
色拉油……1小匙

调味料

A 盐……1/8小匙
鸡粉……1/4小匙
白胡椒粉……1/4小匙
B 椒盐粉……1小匙

做法

1. 鲷鱼肉洗净沥干，切成如小指大小的鱼条，加入调味料A拌匀备用。
2. 将材料B调成粉浆备用。
3. 热一锅，放入适量的油，待油温烧热至约160℃，将鲷鱼条逐一沾裹做法2的粉浆后放入油锅中，以中火炸至表皮呈金黄色，捞起沥干油，食用时蘸椒盐粉即可。

030 泰式酥炸鱼柳

材料

鲷鱼肉……………100克
鸡蛋……………………1个
淀粉………………… 2大匙

腌料

鱼露……………… 1/2大匙
椰糖…………………… 1小匙
蒜末……………… 1/4小匙
红辣椒末……………少许
香菜末………………少许

做法

1. 鲷鱼肉洗净切条状备用。
2. 将所有的腌料混合均匀，拌至椰糖溶化，即为泰式炸鱼腌酱备用。
3. 将鲷鱼条加入泰式炸鱼腌酱，腌约10分钟。
4. 于做法3的材料中打入鸡蛋，加入淀粉拌匀备用。
5. 热锅，倒入稍多的油，待油温热至约180℃，放入鲷鱼条，以中火炸至表面金黄且熟透即可。

031 黄金鱼排

材料o

鳕斑鱼片…………250克
面粉……………………适量
蛋液…………………… 1个
面包粉 …………………适量
包心菜丝………………适量
美乃滋 …………………适量
面粉……………………少许

腌料o

盐 ……………………1/4小匙
米酒……………………1大匙
葱段…………………… 10克
姜片…………………… 10克

做法o

1. 鳕斑鱼片洗净切小片，加入所有腌料腌约10分钟备用。
2. 取出鱼片，依序沾裹上面粉、蛋液、面包粉，静置一下备用。
3. 热锅，倒入稍多的油，待油温热至160℃，放入鱼片炸2~3分钟，捞出沥油。
4. 将鱼排与包心菜丝一起盛盘，淋上美乃滋即可。

032 香酥香鱼

材料o

香鱼………………… 150克
红薯粉 ………………适量

调味料o

胡椒盐 ………………适量

腌料o

盐 …………………1/2小匙
米酒…………………… 1大匙
葱段…………………… 10克
姜片……………………5克
红薯粉 ………………适量

做法o

1. 香鱼洗净，加入腌料腌约10分钟备用。
2. 将香鱼均匀沾裹上红薯粉备用。
3. 热锅倒入稍多的油，放入香鱼炸至表面金黄酥脆。
4. 将香鱼起锅，撒上胡椒盐即可。

Tips.料理小秘诀

香鱼因为其肉质尝起来有股淡淡的香气而得名，也因其肉质鲜美、细致而广受消费者喜爱。选购时以鱼身完整、鱼肉饱满有弹性者为佳，肚破者表示已经不那么新鲜了。

033 香酥柳叶鱼

材料

柳叶鱼……100克
红薯粉……适量
红辣椒……适量
葱花……适量

调味料

胡椒盐……适量

做法

1. 柳叶鱼洗净沥干，均匀沾裹上红薯粉；红辣椒洗净切末，备用。
2. 热锅倒入稍多的油，放入柳叶鱼炸至表面酥脆，捞起沥干盛盘。
3. 撒上红辣椒末和葱花，搭配胡椒盐食用即可。

034 酥炸柳叶鱼

材料

柳叶鱼……300克
姜片……10克
葱段……10克
面粉……适量
蛋液……适量
面包粉……适量

腌料

盐……1/2小匙
米酒……1大匙
白胡椒粉……少许

做法

1. 柳叶鱼处理后洗净，以姜片、葱段及所有腌料腌约10分钟备用。
2. 将柳叶鱼取出，依序均匀沾裹上面粉、蛋液、面包粉备用。
3. 热锅，倒入稍多的油，待油温热至160℃，放入柳叶鱼炸至表面上色。
4. 续转大火，再将柳叶鱼炸至酥脆，捞出沥油即可。

035 酥炸水晶鱼

材料

A 水晶鱼…………80克
罗勒叶……………5克
B 中筋面粉……… 7大匙
淀粉……………1大匙
色拉油…………1大匙
吉士粉…………1小匙

调味料

胡椒盐………………适量

做法

1. 将材料B拌匀成面糊，备用。
2. 水晶鱼洗净沥干，均匀沾裹上拌匀的面糊。
3. 热锅倒入稍多的油，放入水晶鱼炸至表面金黄酥脆，捞起沥干备用。
4. 于锅中放入罗勒叶稍炸至酥脆，捞起沥干，与水晶鱼一起盛盘，搭配胡椒盐食用即可。

Tips.料理小秘诀

粉浆炸的做法是将食材均匀沾裹事先调制好的液态粉浆，再放入高温油锅中油炸。特色是成品表皮会有略为酥脆的口感，而且因为淀粉的附着量不多，更有海鲜食材本身的鲜美口感。

036 烟熏黄鱼

材料

黄鱼…………………… 1尾
姜片…………………… 15克
葱段…………………… 15克

腌料

米酒…………………1大匙
盐 …………………1小匙

烟熏料

面粉…………………适量
糖 …………………适量

做法

1. 先将黄鱼洗净后与姜片、葱段和腌料混合拌匀，腌约15分钟备用。
2. 将黄鱼放入热油中炸至上色，熟后捞起沥油。
3. 取一锅，于锅中铺上铝箔纸，撒上烟熏料拌匀，放上铁网架，于其上放黄鱼，盖上锅盖，以中火加热至锅边冒烟时，转小火续焖约5分钟后熄火即可。

037 香煎鳕鱼

材料o

鳕鱼片 ……………… 1片
(约300克)
红薯粉 …………… 1/2碗
葱花…………………30克
蒜末…………………15克
红辣椒末……………5克

调味料o

A 盐……………1/8小匙
白胡椒粉 ……1/4小匙
米酒 ……………1小匙
B 盐……………1/6小匙
水………………2小匙

做法o

1. 用小刀将鳕鱼片的鳞片刮除后洗净沥干（如图1）。
2. 将调味料A均匀地抹在鳕鱼片的两面上，腌渍约1分钟（如图2）。
3. 将腌好的鳕鱼片两面都沾上红薯粉备用（如图3）。
4. 热锅，加入约2大匙色拉油，将鳕鱼片下锅，小火煎至两面呈金黄色后装盘（如图4）。
5. 锅底留少许油，将葱花、蒜末和红辣椒末下锅炒香，加入调味料B煮开后，淋至鳕鱼片上即可（如图5）。

Tips.料理小秘诀

鳕鱼因含有较多油脂，在烹调时会比其他鱼种更快熟，而鳕鱼片的厚度也决定着烹调时间的长短。若想煎得又快又美味，最好选1~2厘米厚的最恰当。鳕鱼表面水分多，油煎时较易碎，沾红薯粉再煎可让其表面形成一层薄外衣，不容易破碎，吃起来也更酥脆有口感。

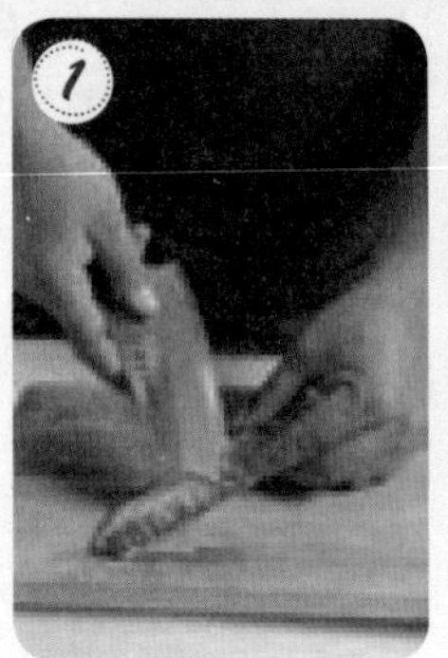

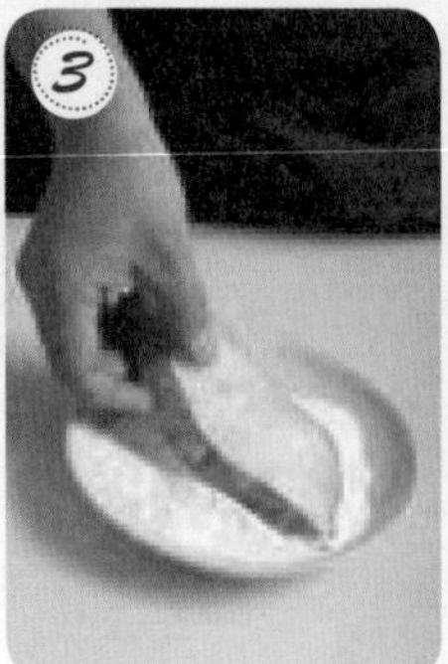

038 蒜香煎三文鱼

材料

三文鱼……350克
蒜片……15克
姜片……10克
柠檬片……1片

调味料

盐……1/2小匙
米酒……1/2大匙

做法

1. 三文鱼洗净沥干，放入姜片、盐和米酒腌约10分钟备用。
2. 热锅，锅面上刷上少许的油，放入三文鱼煎约2分钟。
3. 将三文鱼翻面，放入蒜片一起煎至金黄色，取出盛盘放上柠檬片即可。

Tips.料理小秘诀

因为三文鱼是属于油脂较多的鱼种，因此在煎三文鱼的时候可以不用加入太多的油。以刷油的方式代替倒油，以减少油脂，可以避免三文鱼吸收过多的油而破坏风味，也可以让锅面的油均匀不易沾粘。

039 香煎鲳鱼

材料

白鲳鱼……1条（约200克）
葱段……少许
姜片……1片
面粉……60克
柠檬……1/4个
花椒盐……适量

调味料

盐……5克
白胡椒粉……3克
米酒……10毫升

做法

1. 白鲳鱼清洗干净，在鱼身两面划上数刀。
2. 葱段、姜片和调味料抹在白鲳鱼的全身，腌约20分钟后，撒上一层薄薄的面粉备用。
3. 取锅，加入色拉油烧热后，放入白鲳鱼以大火先煎过，改转中火煎至酥脆即可盛盘。
4. 可搭配柠檬和花椒盐一起食用。

040 橙汁鲳鱼

材料

白鲳鱼……1条（约200克）
面粉……60克

调味料

盐……适量
白胡椒粉……适量
柳橙汁……150毫升
柠檬汁……30毫升
糖……20克
吉士粉……15克

做法

1. 白鲳鱼清洗干净，在鱼身两面划上数刀。
2. 将盐和白胡椒粉抹在鱼的全身，腌约10分钟后，撒上一层薄薄的面粉备用。
3. 取锅，加入色拉油烧热后，放入白鲳鱼以大火先煎过，转中火煎至酥脆即可盛盘。
4. 柳橙汁、柠檬汁、糖和吉士粉混合后，一起放入炒锅中煮至滚沸，将煎好的白鲳鱼放入烩熟，盛盘即可。

041 五柳鱼

材料

鲈鱼……1条（约350克）
猪肉丝……20克
黑木耳丝……30克
胡萝卜丝……30克
红辣椒丝……10克
葱丝……15克
姜丝……10克

调味料

盐……适量
白胡椒粉……适量
糖……10克
白醋……20毫升
乌醋……20毫升
高汤……150毫升
米酒……10毫升
水淀粉……适量

做法

1. 将鲈鱼清理干净后，在鱼身上划数刀，撒上盐和白胡椒粉，放入锅中煎至两面金黄上色，盛出备用。
2. 取炒锅烧热，加入色拉油炒香猪肉丝后，再放入黑木耳丝、胡萝卜丝和调味料（水淀粉先不加入）煮滚，放入煎好的鲈鱼转小火烧约10分钟，盛入盘中，再放上红辣椒丝、葱丝和姜丝。
3. 将水淀粉放入略加热，再淋至鲈鱼身上即可。

042 普罗旺斯煎鳕鱼

材料

鳕鱼……………………1片（约200克）
杏鲍菇……………………2个
葱末……………………适量
红辣椒丝……………………少许
洋葱丝……………………少许
蒜片……………………3片

调味料

普罗旺斯香料……1小匙
黑胡椒粒……………少许
盐……………………少许
香油……………………1小匙
米酒……………………1大匙

做法

1. 鳕鱼洗净，再使用餐巾纸吸干水分备用
2. 起锅，加入适量的油烧热，再放入鳕鱼，以小火将两面煎至上色，盛盘备用。
3. 续放入其余洗净的材料以中火爆香，再加入所有的调味料炒香后，铺放在煎好的鳕鱼上即可。

Tips.料理小秘诀

普罗旺斯香料可以用来提味，不论是用来搭配鱼类或是肉类料理都很适合。但要记得分量不宜过多，以免让料理盖过食材本身的鲜味。

043 干煎茄汁黄鱼

材料

黄鱼……………………1条
洋葱丝……………………适量
蒜片……………………3片
姜片……………………10克
葱段……………………适量
大西红柿块……………2块
面粉……………………3大匙

调味料

番茄酱……………1大匙
蚝油……………………1大匙
鸡粉……………………1小匙
白胡椒粉……………适量
盐……………………适量
香油……………………1小匙

做法

1. 黄鱼洗净沥干后，先用餐巾纸吸干水分。
2. 在黄鱼表面拍上薄薄的面粉备用。
3. 起油锅，将油加热至120℃略冒白烟时，倒出锅中的油，再放入鱼煎至上色后，加入其余的材料和所有的调味料，以小火焖煮至汤汁收干即可。

Tips.料理小秘诀

先将鱼的水分吸干和沾上面粉，是为了防止入锅时会油爆；另外，把锅中的油加热至120℃，再倒出锅中多余的油（锅中留下约2大匙油即可），是为了防止煎鱼时粘锅。

044 蛋煎鱼片

材料o

鸡蛋……………………1个
鲷鱼肉……………300克
苜蓿芽……………30克
沙拉酱…………… 2大匙

调味料o

盐…………………1/4小匙
白胡椒粉………1/4小匙
米酒……………… 2大匙
淀粉…………………1大匙

做法o

1. 将鲷鱼肉洗净斜切成长方形大块，再放入大碗中，加入所有调洗净味料，腌渍1分钟备用。
2. 鸡蛋打散；热平底锅，倒入少许色拉油，将鱼片沾上蛋液后放入平底锅中，以小火煎约2分钟后，翻面再煎2分钟至熟。
3. 取一盘，将洗净的苜蓿芽放置盘中垫底，把煎好的鱼片排放至苜蓿芽上，再挤上沙拉酱即可。

Tips.料理小秘诀

煎鱼片时抹上少许蛋液，不但能让鱼片不容易碎裂，更能增加鱼片的香气，吃起来也较滑嫩美味。

045 银鱼煎蛋

材料o

银鱼……………………70克
鸡蛋……………………4个
葱花……………………20克
蒜末……………………5克

调味料o

盐…………………1/4小匙

做法o

1. 先将鸡蛋打入碗中，与葱花及盐一起拌匀后备用。
2. 热锅，加入少许油，以小火爆香蒜末后，加入银鱼炒至鱼身干香后起锅，再将炒过的银鱼加入蛋液中拌匀。
3. 热锅，加入约2大匙油烧热，倒入蛋液，煎至蛋呈两面焦黄即可。

Tips.料理小秘诀

通常从市场买到的银鱼都是已经事先烫煮过，也有咸味，因此做这道菜时不需要再添加过多的盐，以免太咸。

046 葱烧鲫鱼

材料

葱段……………………50克
鲫鱼……………………2条
姜片……………………10克
水……………………300毫升

调味料

辣豆瓣酱…………1大匙
蚝油……………………1大匙
酱油……………………1大匙
米酒……………………1大匙
乌醋……………………2大匙
白醋……………………1大匙
冰糖……………………1大匙

做法

1. 先将鲫鱼洗净沥干。
2. 取一油锅，加入适量油烧至160℃，放入鲫鱼炸至两面上色，再转小火炸一下，捞出备用。
3. 热锅，加入2大匙油，先放入葱段、姜片爆香，再依序加入调味料、水、鲫鱼，盖上锅盖，以小火烧煮入味，至汤汁微干即可熄火放凉。
4. 将做法3的材料盛盘，并用保鲜膜封紧盘口，放入冰箱冷藏至冰凉即可。

047 葱烧鱼

材料

葱……………………15根
大黄鱼……………………1条
绍兴酒……………5大匙
市售高汤………600毫升

调味料

酱油………………4大匙
糖……………………3大匙

做法

1. 先将黄鱼洗净，两面各划3刀；葱洗净后切成长约5厘米的段。
2. 取一锅，加入5大匙油烧热，放入黄鱼，将两面各煎至酥脆后盛出。
3. 续放入葱段，以小火炸至葱段表面呈现金黄色后加入糖，以微火略炒约3分钟至香味散出。
4. 加入酱油、绍兴酒和市售高汤，再放入黄鱼，以小火烧至汤汁浓稠即可。

048 鲳鱼米粉

材料

鲳鱼…1条（约700克）
细米粉……………200克
泡发香菇…………50克
虾米………………20克
红葱头……………30克
蒜苗………………50克
芹菜末……………10克
香菜………………适量

调味料

高汤…………1200毫升
盐…………………1小匙
糖………………1/2小匙
白胡椒粉………1/2小匙

做法

1. 鲳鱼处理干净后洗净切块；米粉泡水约20分钟后捞起沥干。
2. 虾米浸泡开水5分钟至软再捞起沥干；泡发香菇去蒂切丝；红葱头洗净切碎；蒜苗洗净切斜片备用。
3. 热一油锅，倒入适量的油烧热至约180℃，将鲳鱼放入锅内，以大火炸约1分钟至表面酥脆后捞起沥油，再切大块状备用。
4. 另起一锅，加入2大匙色拉油，以小火爆香红葱头炒至呈金黄，再加入虾米、香菇丝略炒，续倒入高汤、米粉及鲳鱼块。
5. 煮约1分钟后加入盐、糖、白胡椒粉、蒜苗，煮匀后关火盛起，撒上芹菜末和香菜即可。

049 红烧滑水

材料o

草鱼尾……………………1个
姜片………………………20克
葱段………………………适量
红辣椒丝…………………适量
蒜苗………………………适量
水………………………400毫升

调味料o

酱油……………………2大匙
糖………………………1大匙
米酒……………………1大匙

做法o

1. 草鱼尾用刀在一面划叉，再以沸水汆烫后洗净；蒜苗洗净切丝，备用。
2. 取锅，加入姜片、葱段、所有调味料及草鱼尾，以小火煮5分钟，翻面转中火煮至汤汁略收干。
3. 盛出草鱼尾，将汤汁以水淀粉勾芡后，淋在草鱼尾上，放上蒜苗丝及红辣椒丝即可。

050 胡麻油鱼片

材料

剥皮鱼……400克
胡麻油……2大匙
姜片……15克
枸杞子……5克
水……600毫升

调味料

盐……1/4小匙
鸡粉……1/2小匙
米酒……3大匙

做法

1. 剥皮鱼处理后洗净切大块备用。
2. 热锅，加入胡麻油，放入姜片以小火爆香，再放入鱼块煎一下。
3. 加入米酒、水煮至沸腾。
3. 加入枸杞子煮约5分钟熄火，加入盐、鸡粉拌匀即可。

Tips.料理小秘诀

剥皮鱼的肉质细致，但是皮厚又粗较少食用，建议选择鱼眼光亮、鱼身饱满的剥皮鱼较新鲜。虽然鱼贩常常将剥皮鱼事先剥好皮处理过，但建议买回家自己剥皮较卫生。

051 啤酒鱼

材料

鲜鱼……1条（约500克）
葱……30克
干辣椒……5克
姜片……20克
芹菜段……30克
香菜……适量

调味料

啤酒……1罐（约350毫升）
水……100毫升
蚝油……2大匙
糖……1/2小匙

做法

1. 鲜鱼洗净后以厨房纸巾擦干，在鱼身两面各划1刀；葱洗净切段，备用。
2. 热锅，倒入少许色拉油，将鱼放入锅中，以小火煎至两面微焦后取出装盘备用。
3. 另热一锅，倒入少许油，以小火爆香葱段、干辣椒及姜片，再加入鱼、芹菜段、啤酒、水、蚝油和糖，以小火煮滚后再煮约10分钟，至水分略干，加入适量香菜即可。

052 韩式泡菜鱼

材料

韩式泡菜……………120克
鱼肉……………………1块
(约500克)
姜末……………………5克
蒜末……………………10克
葱段……………………30克

调味料

A 蚝油……………1小匙
酱油……………1小匙
糖………………1/2小匙
米酒……………1大匙
水………………300毫升
B 香油……………1大匙

做法

1. 鱼洗净后，在鱼身两侧各划1刀，划深至骨头处但不切断备用；泡菜切碎连汤汁备用。
2. 热锅，加入约3大匙油，鱼下锅，以小火煎至两面焦黄后将鱼先起锅，放入葱段、姜末和蒜末爆香，再将泡菜及鱼放入，开中火，加入所有调味料A。
3. 水滚后关小火，不时铲动鱼以防粘锅，煮约10分钟至汤汁收干，加入香油即可

053 西红柿烧鱼

材料

西红柿…………………2个
鲜鱼……………………1条
(约600克)
洋葱……………………80克
蒜末……………………20克
葱段……………………30克

调味料

A 盐……………1/4小匙
番茄酱…………2大匙
糖………………2小匙
白醋……………1小匙
水………………250毫升
B 香油……………1小匙

做法

1. 先将鲜鱼去鳃及内脏后洗净擦干；西红柿洗净后切小块；洋葱洗净去皮后切小块。
2. 热锅，倒入少许油，将鱼的两面煎至焦黄，再取出装盘备用。
3. 热锅，倒入少许油，以小火爆香洋葱块、蒜末、葱段，再放入鱼、西红柿块及调味料A一起煮滚。
4. 待煮滚后关小火，续煮约12分钟至汤汁稍干，洒入香油即可。

054 蒜烧黄鱼

材料○
- 蒜仁……50克
- 黄鱼……1条
- 葱段……10克
- 红辣椒片……10克
- 面粉……少许

腌料○
- 盐……1/4小匙
- 米酒……1大匙
- 葱段……10克
- 姜片……10克

调味料○
- 水……150毫升
- 糖……1/4小匙
- 乌醋……1小匙
- 酱油……1大匙

做法○
1. 黄鱼处理后洗净，加入所有腌料腌约10分钟备用。
2. 热锅，倒入稍多的油，待油温热至160℃，将黄鱼均匀沾裹上面粉，放入油锅中炸约4分钟，捞起沥干备用。
3. 再放入蒜仁，炸至表面金黄，捞起沥干备用。
4. 锅中留少许油，放入葱段、红辣椒片及蒜仁炒香，加入所有调味料煮至沸腾。
5. 再加入黄鱼煮至入味即可。

055 蒜烧三文鱼块

材料○
- 蒜仁……8粒
- 三文鱼片……1片（约220克）
- 猪肉泥……80克
- 红辣椒……1个
- 葱……1根

调味料○
- 酱油……30毫升
- 米酒……30毫升
- 糖……5克
- 乌醋……10毫升
- 白胡椒粉……5克
- 水……适量
- 水淀粉……适量

做法○
1. 三文鱼片略冲水，切块状；红辣椒和葱洗净，切段。
2. 取炒锅烧热，倒入色拉油，放入三文鱼块煎至两面略呈焦黄后盛起备用。
3. 再放入猪肉泥炒香，放入所有调味料（水淀粉先不加入）转小火烧约10分钟，放入红辣椒段、葱段、蒜仁和三文鱼块略煮，再以水淀粉勾芡即可。

056 砂锅鱼头

材料o

鲢鱼头1/2个、老豆腐1块、芋头块1/2个、包心菜1个、葱段30克、姜片10克、蛤蜊8个、豆腐角10个、黑木耳片30克、水1000毫升

腌料o

盐1小匙、糖1/2小匙、淀粉3大匙、鸡蛋1个、白胡椒粉1/2小匙、香油1/2小匙

调味料o

盐1/2小匙、蚝油1大匙

做法o

1. 将腌料混合拌匀，均匀地涂在鲢鱼头上（如图1）。
2. 将鲢鱼头放入油锅中，炸至表面呈金黄色后捞出沥油（如图2）。
3. 老豆腐洗净切长方块，放入油锅中炸至表面呈金黄色后捞出沥油。
4. 芋头块放入油锅中（如图3），以小火炸至表面呈金黄色后捞出沥油（如图4）。
5. 包心菜洗净，切成大片后放入滚水中汆烫，再捞起沥干放入砂锅底。
6. 于砂锅中依序放入鲢鱼头、葱段、姜片（如图5）、老豆腐块、豆腐角、黑木耳片、炸过的芋头块，加入水和所有调味料，煮约12分钟，续加入蛤蜊煮至开壳即可。

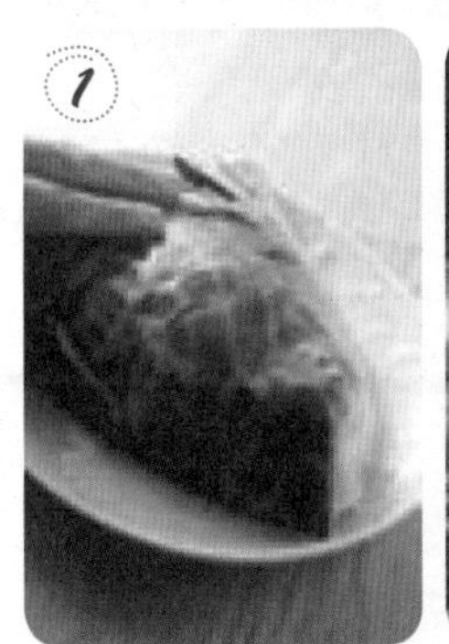

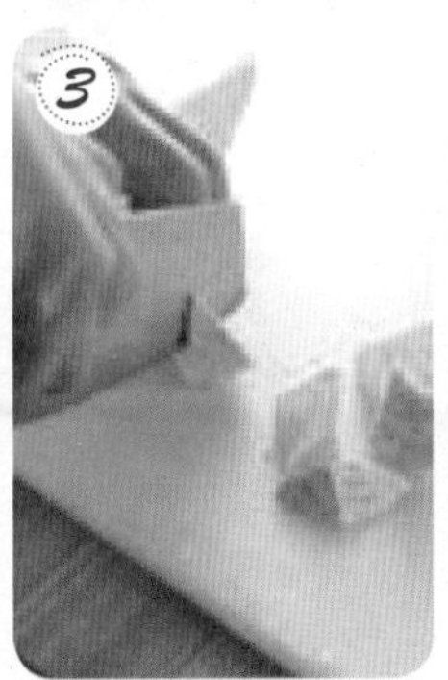

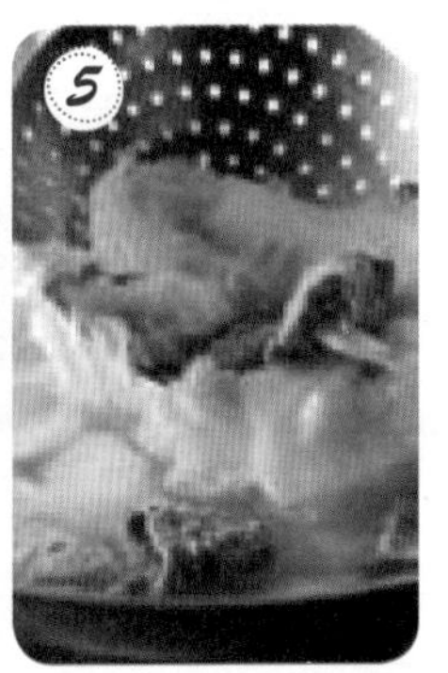

057 茶香鲭鱼

材料o

茶叶……适量
鲭鱼……1条
姜片……适量
葱段……适量
姜丝……15克
红辣椒丝……10克
水……350毫升

腌料o

盐……适量
酱油……2大匙
米酒……2大匙

调味料o

和风酱油……2大匙
米酒……1大匙

做法o

1. 将鲭鱼洗净后切去头部。
2. 将鲭鱼先抹上少许盐，与姜片、葱段和腌料混合均匀，腌约10分钟备用。
3. 取一锅，加入水后煮至滚，先放入姜丝、红辣椒丝，再放入鲭鱼、调味料，盖上锅盖煮约3分钟，打开锅盖，加入茶叶烧煮至入味，酱汁微干时即可熄火，盛盘待凉。
4. 待做法3的材料凉后，将盘口以保鲜膜封紧，再放入冰箱冷藏至冰凉即可。

058 酸菜鱼

材料o

酸菜150克、鲈鱼肉200克、竹笋片60克、干辣椒10克、花椒粒5克、姜丝15克

调味料o

A 米酒1大匙、盐1/6小匙、淀粉1小匙
B 盐1/4小匙、味精1/6小匙、糖1/2小匙、绍兴酒2大匙、市售高汤200毫升
C 香油1小匙

做法o

1. 鲈鱼肉洗净切成约0.5厘米的厚片，加入所有调味料A抓匀；酸菜洗净、切小片，备用。
2. 热一炒锅，加入少许色拉油（材料外），以小火爆香姜丝、干辣椒及花椒粒，接着加入酸菜片、竹笋片及所有调味料B煮开。
3. 将鲈鱼片一片片放入锅中略为翻动，续以小火煮约2分钟至鲈鱼片熟，接着洒上香油即可。

Tips.料理小秘诀

鱼片入锅后不要煮太久，过久鱼肉会变得干涩而破坏口感，翻动时也要小心不要太大力，免得将鱼肉弄散了。

059 日式煮鱼

材料

鲜鱼…1条（约300克）
姜片……………………30克
葱段……………………适量
水……………………250毫升

调味料

鲣鱼酱油…………6大匙
味醂…………………3大匙
米酒…………………5大匙
糖……………………1大匙

做法

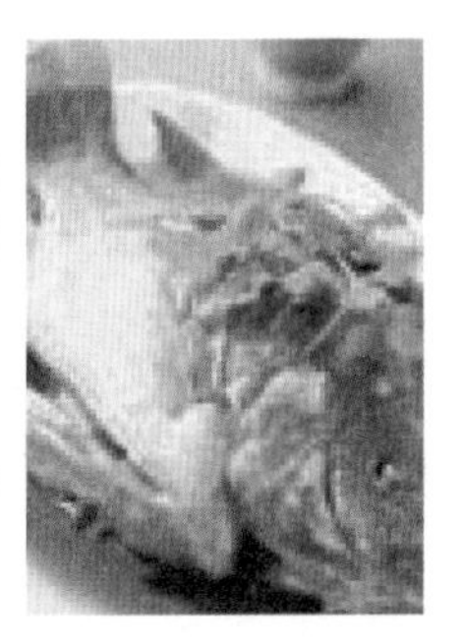

1. 鲜鱼清洗干净，在靠近鱼身背部肉多的地方，划交叉刀深及鱼骨备用。
2. 取锅，加入姜片、葱段、水及所有调味料煮至沸腾。
3. 放入鱼以小火煮7～8分钟即可。

Tips.料理小秘诀

如果鱼太厚，须在鱼身上划几刀，最好深及鱼骨，让鱼肉快速煮熟，尤其是肉多的地方。这样才不会有其他地方太熟，而肉多的地方却还是半生熟的状况发生。

060 三文鱼卤

材料

三文鱼……………300克
荸荠……………………10个
蒜苗段………………15克
水…………………500毫升

调味料

酱油………………50毫升
糖…………………1/4小匙
米酒………………2大匙

做法

1. 三文鱼洗净切块；荸荠洗净去皮切块备用。
2. 取锅，加入水和调味料拌煮均匀至滚沸，放入荸荠煮滚后，放入三文鱼块煮2分钟，再放入蒜苗段卤至入味即可。

Tips.料理小秘诀

肥美的三文鱼，真是食客的最爱。油而不腻的三文鱼，是少数用卤煮也不会肉质太硬的鱼类，多煮一会也不会有干涩的口感。但因为是与酱油同煮，就不需要额外再加盐，以免过咸。

061 咖喱煮鱼块

材料

咖喱粉……………1大匙
鲜鱼………………300克
土豆…………………1个
西蓝花……………80克
洋葱片……………50克
蒜末…………………5克
水……………600毫升

腌料

盐……………………少许
米酒………………1小匙
淀粉………………1小匙
玉米粉……………1小匙

调味料

盐………………1/4小匙
鸡粉……………1/4小匙
糖……………………少许

做法

1. 鲜鱼洗净切块，加入腌料腌约15分钟，捞出放入热油锅中炸约1分钟后捞起沥油。
2. 土豆洗净去皮切块状，放入滚水中煮约10分钟，捞起沥干；西蓝花洗净切小朵，放入滚水中略汆烫后捞起沥干。
3. 热锅，加入1大匙油烧热，放入洋葱片和蒜末爆香。先加入土豆块和咖喱粉炒一下，再加入水煮滚，并盖上锅盖煮10分钟；续放入鱼块和调味料煮至入味，再放入西蓝花装饰即可。

062 咸鱼鸡丁豆腐煲

材料

咸鱼……50克
鸡胸肉……350克
豆腐……150克
花豆……50克
鸿禧菇……50克
胡萝卜……20克
姜片……20克
蒜苗段……20克
水淀粉……2大匙

调味料

糖……1大匙
蚝油……1大匙
酱油……1大匙
米酒……1大匙
香油……1大匙
高汤……700毫升

做法

1. 咸鱼、豆腐、鸡胸肉洗净切丁状；花豆泡水；胡萝卜洗净切片，备用。
2. 热锅，倒入稍多的油，待油温热至120℃，放入咸鱼与鸡丁炸至表面变色，取出沥油备用。
3. 锅中留少许油，放入姜片、蒜苗段爆香，再放入豆腐丁、花豆、鸿禧菇与胡萝卜片炒匀。
4. 放入咸鱼丁、鸡丁及所有调味料，转小火焖煮5分钟，以水淀粉勾芡即可。

063 鲜鱼粄条煲

材料

鲜鱼……450克
粄条……200克
洋葱……30克
豆腐……80克
竹笋……50克
芹菜……10克
毛豆……10克
葱仁……30克
蒜仁……20克
姜片……20克
红辣椒片……10克

调味料

水……500毫升
糖……2大匙
鱼露……2大匙
米酒……1大匙
白胡椒粉……1小匙

做法

1. 鲜鱼、豆腐、竹笋洗净切块；洋葱洗净去皮切片；芹菜洗净切段，备用。
2. 热锅，倒入稍多的油，分别放入鲜鱼块、豆腐块炸至表面金黄，取出沥油备用。
3. 锅中留少许油，放入洋葱片、葱段、蒜仁、姜片、红辣椒片爆香。
4. 再放入竹笋块、芹菜段、毛豆、鲜鱼块、豆腐块及所有调味料煮沸，捞出所有材料，留汤汁备用。
5. 将汤汁放入砂锅中，放入粄条煮至汤汁略收干，放回捞起的材料拌匀即可。

064 鱼片翡翠煲

材料

鲷鱼片……250克
上海青……100克
红甜椒……40克
南瓜……40克
姜片……20克

腌料

酱油……1小匙
淀粉……1小匙
白胡椒粉……1小匙

调味料

A 水……50毫升
盐……1小匙
糖……1小匙
米酒……1大匙
香油……1大匙
白胡椒粉……1/2小匙
B 七味粉……适量

做法

1. 上海青洗净切丝；南瓜洗净切片；红甜椒洗净切丁，备用。
2. 将上海青丝与南瓜片分别放入沸水中烫熟备用。
3. 鱼片用所有腌料腌10分钟，放入沸水中烫熟备用。
4. 热锅，倒入适量的油，放入姜片爆香，加入红甜椒丁、上海青丝、南瓜片、鲷鱼片及所有调味料A煮至略收汁，撒上七味粉即可。

065 红烧鱼唇煲

材料

A 鱼翅唇块……300克
竹笋片……150克
芹菜段……60克
胡萝卜块……60克
口蘑……3个
红甜椒块……适量
B 葱段……30克
姜片……15克

调味料

A 酱油……2大匙
糖……1大匙
香菇精……1/2小匙
米酒……1大匙
乌醋……2大匙
水……500毫升
B 水淀粉……适量
香油……1小匙

做法

1. 取砂锅，倒入适量的色拉油，放入材料B爆香。
2. 加入洗净的鱼翅唇块、竹笋片、胡萝卜块、口蘑、红甜椒块与调味料A煮至沸腾后转中火。
3. 待汤汁收至砂锅的1/3量，以水淀粉勾芡，再淋上香油，加入芹菜段即可。

066 柳松菇三文鱼卷

材料

三文鱼片300克、柳松菇1盒（约100克）、芦笋1/2把（约150克）、热开水1/2杯

调味料

鸡架高汤1大匙、蚝油1大匙、味醂1小匙、糖少许、香油少许、淀粉少许

做法

1. 三文鱼片冲水后切成约0.5厘米厚、6厘米长的薄片；柳松菇挑大小一致的，切去尾部洗净；芦笋去后段，保留较嫩处约15厘米洗净；所有调味料拌匀成酱汁备用。
2. 取一片三文鱼片，放上5朵柳松菇，卷起固定，重覆此步骤至材料用毕后，将柳松菇三文鱼卷接缝处朝下摆盘，再将芦笋间隔摆在每个柳松菇三文鱼卷之间。
3. 电锅外锅加1/2杯热开水，按下开关，盖上锅盖，待水蒸气冒出后，连盘放入做法2的材料蒸约5分钟后，掀盖淋上酱汁，盖上锅盖，再蒸1分钟即可。

鸡架高汤

材料：
鸡架子1副、葱2根、姜3片

做法：
首先将鸡架子洗净，剁块，焯水汆烫，去血水后冲水去脏物；然后于电锅内放入7杯热开水，按下开关，放入葱、姜，不必加盖，熬约30分钟即可关掉电源，由电锅中倒出，再用滤网过滤即可。

067 蒜炖鳗鱼

材料

蒜仁……80克
鳗鱼……1/2条（约400克）
姜片……10克

调味料

水……800毫升
盐……1/2小匙
鸡粉……1/4小匙
米酒……1小匙

做法

1. 鳗鱼洗净切小段后置于汤锅（或内锅）中，蒜仁、米酒与姜片、水一起放入汤锅（或内锅）中。
2. 电锅外锅加入1杯水，放入汤锅，盖上锅盖，按下开关蒸至开关跳起。
3. 取出鳗鱼后，加入盐、鸡粉调味即可。

Tips.料理小秘诀

鳗鱼因其以肉细、味鲜，广受食客青睐，最常见的料理做法就是日式料理中常见的蒲烧鳗。但因鳗鱼本身多刺，一般家庭较不常在家自行料理鳗鱼。其实现在也可以于超市选购处理过的冷冻鳗鱼，不仅方便，利用富含营养的鳗鱼来做这道料理更是恰到好处。

068 药炖鲈鱼

材料

A 鲈鱼……600克
白萝卜……1/4个
胡萝卜……1/4个
玉米……1个
姜片……40克
蒜仁……30克
棉布包……1个

B 当归……6克
人参……6克
黄芪……6克
党参……6克
枸杞子……6克
红枣……6克
川芎……6克
桂枝……6克
玉竹……6克

调味料

盐……2小匙
鸡粉……1小匙
白胡椒粉……少许
米酒……适量

做法

1. 将白萝卜与胡萝卜洗净削皮后切成4厘米大小的滚刀块；玉米洗净切成片状，备用。
2. 把所有材料B放入棉布包中绑紧封口，用清水冲洗约30秒。
3. 内锅加入5碗水、药材包、鲈鱼、姜片、蒜仁与所有做法1中的材料；外锅加入2杯水，按下开关煮至开关跳起，加入米酒与白胡椒粉，续焖10分钟。
4. 加入盐及鸡粉再焖3分钟即可。

069 苋菜银鱼羹

材料

苋菜……350克
银鱼……100克
鱼板……20克
蒜末……15克
高汤……800毫升
水淀粉……适量

调味料

盐……1/4小匙
鸡粉……1/4小匙
米酒……1小匙
白胡椒粉……少许

做法

1. 银鱼洗净沥干；鱼板切丝，备用。
2. 苋菜洗净切段，放入沸水中汆烫一下，沥干备用。
3. 热锅，倒入少许油，放入蒜末爆香至金黄色，取出蒜末即成蒜酥备用。
4. 锅中倒入高汤煮沸，放入苋菜再次煮沸。
5. 加入银鱼、鱼板丝及所有调味料煮匀，以水淀粉勾芡，撒上蒜酥即可。

Tips.料理小秘诀

银鱼含有丰富的钙质，吃起来又不怕被鱼刺噎到，是许多老人小孩补充营养的首选鱼种。但从市场上买回家的银鱼可别急着下锅料理，要记得先用清水冲洗过滤。因为这类小鱼常常会夹带着细砂和小石块，若不处理干净，除了影响美味外也不卫生。

070 三丝鱼翅羹

材料

水发鱼翅…………150克
猪瘦肉……………75克
香菇…………………3朵
竹笋………………80克
胡萝卜……………适量
葱……………………3根
姜片…………………7片
香菜………………少许

腌料

盐…………………少许
白胡椒粉…………少许
淀粉………………少许

调味料

A 盐……………1/2小匙
鸡粉……………1小匙
米酒……………1小匙
乌醋…………1.5小匙
白胡椒粉………少许
B 高汤………1500毫升
香油……………少许
水淀粉…………少许

做法

1. 将水发鱼翅加入高汤500毫升、葱2根、姜5片及米酒，以小火煮约30分钟后，捞出沥干汤汁并挑除葱、姜片备用。
2. 香菇浸泡水至软切丝；竹笋洗净去壳切丝；胡萝卜洗净切丝；猪瘦肉切丝加少许盐、胡椒粉及淀粉腌约10分钟。
3. 热一锅，加入1小匙的油；葱1根切小段与剩余的姜片入锅中爆香后，将葱段、姜片捞掉。
4. 于锅中加入高汤1000毫升、竹笋丝、香菇丝、胡萝卜丝、猪瘦肉丝及鱼翅后煮至沸腾。
5. 再加入所有调味料A煮匀后，以水淀粉勾芡，起锅盛碗淋上香油，并放上香菜即可。

071 鲜鱼汤

材料

鲜鱼……1条
姜丝……30克
葱段……适量
水……600毫升
米酒……1大匙

调味料

盐……1小匙
白胡椒粉……1/2小匙

做法

1. 将鲜鱼洗净切块，放入滚水中汆烫备用。
2. 取汤锅倒入水煮滚，加入鱼块和米酒煮15分钟。
3. 最后再加入姜丝、葱段和所有调味料即可。

Tips.料理小秘诀

市场买回来的鲜鱼最好还是自己把鱼鳞再刮一刮，免得影响口感。带骨的鲜鱼若要拿来煮汤，要切成大块，吃起来口感更佳。

（1）把鱼鳞刮干净。

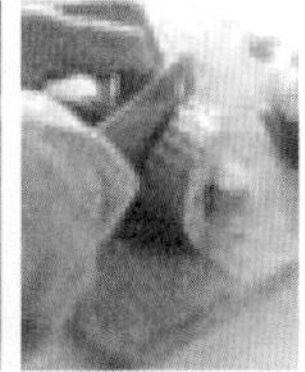

（2）鲜鱼切成大块。

072 鲜鱼味噌汤

材料

味噌……200克
尼罗红鱼……1条
包心菜……150克
盒装豆腐……1/2盒
葱花……1大匙
水……800毫升
海带芽……少许

调味料

柴鱼粉……1小匙
米酒……1小匙

做法

1. 将尼罗红鱼洗净切块，放入滚水中汆烫，捞起备用。
2. 包心菜洗净切片，取出盒装豆腐切丁，味噌加入200毫升的水调匀，备用。
3. 取汤锅倒入其余的水煮滚，放入包心菜片煮5分钟，再放入鱼块，以小火煮5分钟。
4. 再加入味噌、豆腐丁和所有调味料续煮2分钟，最后撒上葱花和海带芽即可。

073 鱼肚汤

材料

鱼肚……1块
葱……1根
嫩豆腐……1块
姜丝……50克

调味料

盐……1小匙
米酒……1大匙
鱼骨高汤……1碗

做法

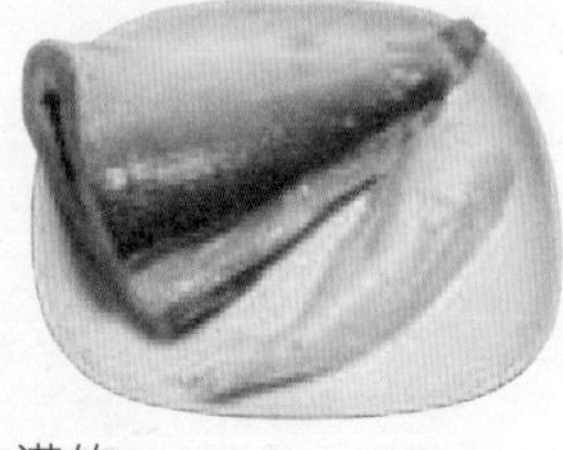

1. 鱼肚洗净后，用刀子切成约3厘米大小的块状，再放入滚水中汆烫数秒后捞起；葱洗净切成葱花；嫩豆腐切成豆腐丁，备用。
2. 取一汤锅，倒入约7分满的水，再继续加入鱼肚、姜丝、豆腐丁和所有的调味料，以中火将水煮开。
3. 食用前再撒上些许的葱花即可。

鱼骨高汤

材料：
鱼骨200克、葱1根、姜50克、米酒1大匙、水6碗
做法：
将鱼骨洗净后，加入葱、姜、米酒和水焖煮约1小时，再过滤出汤底即可。

074 鱼肠汤

材料

鱼肠……150克
姜丝……50克
罗勒……少许

调味料

盐……1小匙
米酒……1大匙
白胡椒粉……1/2小匙
水……1碗

做法

1. 先将鱼肠中的肠泥用手拉出来清洗干净后，再将鱼胆切除（如图1），最后切成块状放入容器内（如图2），用盐和米酒略微浸泡以去除腥味（如图3），再用滚水汆烫后捞起备用。
2. 取一汤锅，倒入约7分满的水，放入姜丝和所有的调味料，以中火将水煮开后，继续放入鱼肠、罗勒将水再次煮开即可。

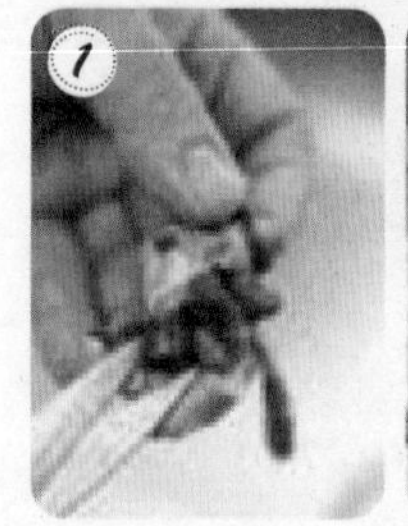

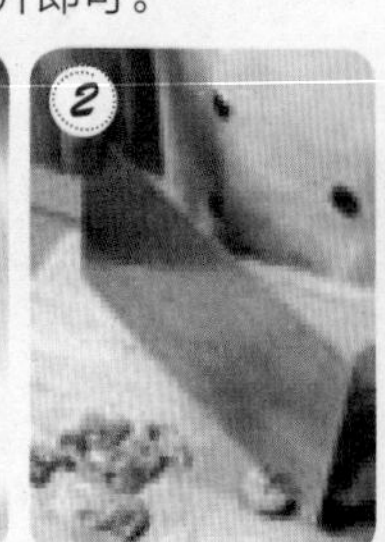

075南瓜鲜鱼浓汤

材料

去皮南瓜…………300克
鲜鱼肉……………100克
高汤…………… 300毫升
洋葱末…………… 2大匙
鲜奶油……………1大匙

调味料

盐……………………1小匙
黑胡椒粉……………适量

做法

1. 取去皮南瓜2/3的分量蒸至熟烂，取出压成泥，其余的1/3分量切丁备用。
2. 锅烧热，倒入2小匙色拉油，放入洋葱末，以小火炒软，再加入南瓜丁略炒。
3. 再倒入高汤和南瓜泥，以小火煮滚，加入盐调味，倒入碗中备用。
4. 鲜鱼肉切丁，加入淀粉及1/4小匙盐（分量外）略腌，放入滚水中烫熟，放至做法3的碗中，最后淋入鲜奶油和黑胡椒粉即可。

076 越式酸鱼汤

材料

尼罗红鱼…………… 1条
菠萝………………100克
黄豆芽……………30克
西红柿……………… 1个
香菜………………50克
罗勒…………………5片
水…………… 800毫升

调味料

盐………………1/4小匙
鱼露……………… 2大匙
糖…………………1大匙
罗望子酱………… 3大匙

做法

1. 将尼罗红鱼洗净切块，放入滚水中汆烫洗净备用。
2. 将菠萝、西红柿洗净切块备用。
3. 取汤锅倒入水煮滚，加入做法1、做法2的材料煮3分钟，加入所有调味料和黄豆芽煮2分钟后熄火。
4. 食用时再撒入罗勒和香菜即可。

Tips.料理小秘诀

这道越式酸鱼汤是越南相当道地且受欢迎的一道汤品，天然的水果搭配鲜鱼，让这道汤酸且鲜。但水果因为不耐久煮，所以要记得水滚后再放入，才不会使香气煮到流失掉。

077 豆酥鳕鱼

材料o

碎豆酥……………50克
鳕鱼…………………1片
(约200克)
葱段…………………30克
姜片…………………10克
蒜末…………………10克
葱花…………………20克

调味料o

米酒…………………1大匙
糖…………………1/4小匙
辣椒酱……………1小匙

做法o

1. 鳕鱼片洗净后置于蒸盘；葱洗净切段拍破、姜洗净切片拍破后铺至鳕鱼片上，再洒上米酒（如图1）。
2. 将鳕鱼片放入蒸笼中，以大火蒸约8分钟后取出（如图2）。
3. 将蒸好的鳕鱼片挑去葱段和姜片，再将水分滤除（如图3）。
4. 热锅，倒入约100毫升的色拉油，先放入蒜末以小火略炒，再加入碎豆酥及糖，转中火不停翻炒，炒至豆酥颜色呈金黄色，即可转小火（如图4）。
5. 续加入辣椒酱快炒，再加入葱花炒散（如图5），最后铲起炒好的豆酥，铺至鳕鱼片上即可（如图6）。

Tips.料理小秘诀

豆酥鳕鱼要做得好吃，首先要炒好豆酥，豆酥的香味要经过一段时间翻炒过后才能完全散发出来。翻炒时要均匀，同时火不能开太大，才不会炒焦而有苦味产生。在最后放入葱花时，只要炒匀即可，若炒太久反而会使葱的香味变淡。

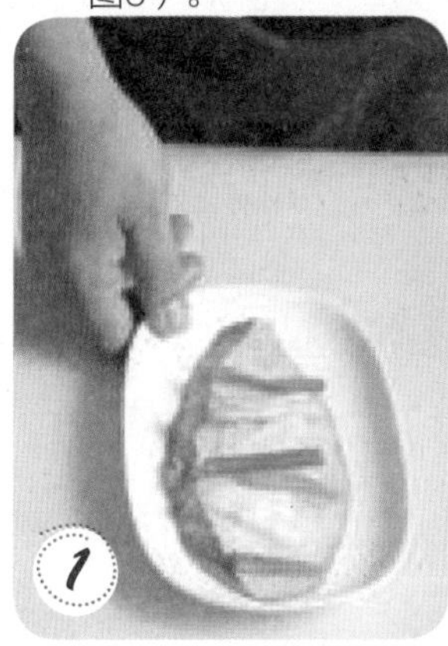
1

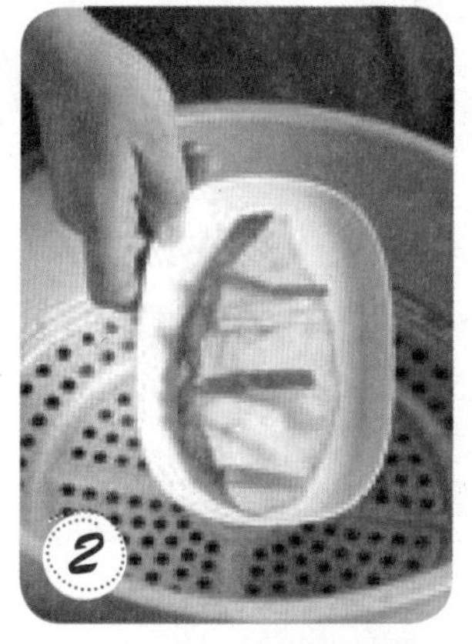
2

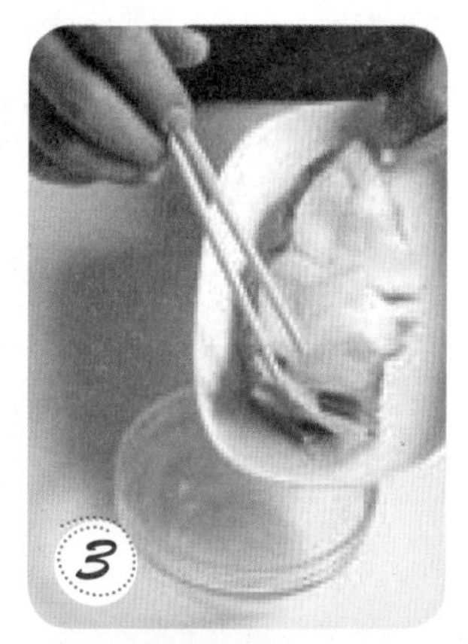
3

4

5

6

078 豆豉蒸鱼

材料o

虱目鱼肚……………1片（约200克）
蒜片……………………适量
红辣椒片………………适量
葱段……………………适量
姜片……………………5克
新鲜罗勒………………适量

调味料o

黑豆豉……………1大匙
香油………………1小匙
糖…………………1小匙
盐…………………1小匙
白胡椒粉…………1小匙

做法o

1. 将虱目鱼肚洗净，再使用餐巾纸吸干，放入盘中。
2. 取容器，加入所有的调味料一起轻轻搅拌均匀，铺盖在虱目鱼肚上。
3. 将蒜片、红辣椒片、葱段、姜片和罗勒叶放至虱目鱼肚上，盖上保鲜膜，放入电锅中，外锅加入1杯水蒸至开关跳起即可。

079 破布子蒸鳕鱼

材料

鳕鱼……………………1片（约200克）
蒜片……………………适量
红辣椒片………………少许
葱………………………1根

调味料

破布子…………………2大匙
糖………………………1小匙
盐………………………少许
白胡椒…………………少许
米酒……………………2大匙
香油……………………1小匙

做法

1. 将鳕鱼洗净，再使用餐巾纸吸干，放入盘中；葱部分切段，部分切丝。
2. 取容器，加入所有的调味料一起轻轻搅拌均匀，铺盖在鳕鱼上。
3. 将蒜片、红辣椒片和葱段、葱丝放至鳕鱼上，盖上保鲜膜，放入电锅中，外锅加入1杯水蒸至开关跳起即可。

080 豆瓣鱼

材料

尼罗鱼……1条
葱段……适量
姜片……3片
盒装豆腐……1/2盒
猪肉泥……80克
葱花……1小匙
姜末……1/2小匙
蒜末……1/2小匙
水淀粉……1小匙
水……80毫升

调味料

辣豆瓣酱……1大匙
盐……1/4小匙
酱油……1小匙
糖……1小匙
米酒……1大匙

做法

1. 尼罗鱼清理干净、鱼身两面各划3刀；取一盘放上葱段、姜片，再放上尼罗鱼，入蒸笼蒸约10分钟至熟后取出，丢弃葱段、姜片，备用。
2. 取出盒装豆腐切小丁、沥干水分，备用。
3. 锅烧热加入1大匙色拉油，放入猪肉泥炒至肉色变白，再加入蒜末、姜末、辣豆瓣酱略炒，续加入水、其余调味料、豆腐丁，煮至滚沸后以水淀粉勾芡，淋在鱼上，并撒上葱花即可。

081 豆酱鲜鱼

材料

鲈鱼……1条（约400克）
姜末……10克
红辣椒末……5克
葱花……10克

调味料

黄豆酱……3大匙
酱油……1大匙
米酒……2大匙
糖……1大匙
香油……1小匙

做法

1. 鲈鱼洗净沥干，从腹部切开至背部但不切断，将整条鱼摊开成片状，放入盘中，盘底横放1根筷子备用。
2. 黄豆酱放入碗中，加入米酒、酱油、糖及姜末、红辣椒末混合成蒸鱼酱。
3. 将蒸鱼酱均匀淋在鱼上，封上保鲜膜，两边留小缝隙透气勿密封，移入蒸笼以大火蒸约8分钟后取出，撕去保鲜膜，撒上葱花并淋上香油即可。

Tips.料理小秘诀

把鱼剖开摊平来蒸，不但可缩短一半时间，而且也非常美观与方便食用。鱼身下再放支筷子将鱼肉撑起，可让水蒸气更均匀地传达到内部，原本需20分钟才熟透的鱼，现在只要7～8分钟就可以完成了。

082 清蒸鲈鱼

材料

鲈鱼……1条(约700克)
葱……4根
姜……30克
红辣椒……1个

调味料

A 蚝油……1大匙
酱油……2大匙
水……50毫升
糖……1大匙
白胡椒粉……1/6小匙
B 米酒……1大匙
色拉油……50毫升

做法

1. 鲈鱼洗净，从鱼背鳍与鱼头处到鱼尾纵切1刀深至鱼骨，将切口处向下置于蒸盘上，在鱼身下横垫1根筷子以利蒸气穿透。
2. 将2根葱洗净切段并拍破、10克姜洗净切片，铺在鲈鱼上，洒上米酒，放入蒸笼中，以大火蒸约15分钟至熟，再取出装盘，葱、姜及蒸鱼水舍弃不用。
3. 取另2根葱、20克的姜和红辣椒洗净切细丝，铺在鲈鱼上。热锅，倒入50毫升的油，烧热后淋至葱丝、姜丝和红辣椒丝上，再将调味料A混合煮滚后淋在鲈鱼上即可。

Tips.料理小秘诀

在蒸鱼时，火候一定要控制好，最好用中大火，如此蒸出来的鱼肉质才不会太老。蒸的时间也不宜过久，才能保持鱼本身的鲜甜。

083 清蒸鳕鱼

材料o

鳕鱼……………………250克
姜片…………………… 10克
葱段…………………… 10克
香菜……………………适量
姜丝……………………适量
葱丝……………………适量
红辣椒丝………………适量

调味料o

A 米酒 …………………1大匙
　香油 …………………1小匙
B 糖……………………1/4小匙
　鲜美露………………1小匙
　酱油 …………………1/2大匙

做法o

1. 取一蒸盘放上姜片、葱段，再放上洗净的鳕鱼，淋上米酒，放入蒸锅中蒸约7分钟至熟，取出备用。
2. 热锅，放入调味料B煮至沸腾，再加入香油拌匀。
3. 将做法2的调味料淋在鳕鱼上，再撒上香菜、姜丝、葱丝、红辣椒丝即可。

Tips.料理小秘诀

蒸鱼最怕蒸熟的鱼皮沾粘在盘上。有个让蒸鱼不沾粘的小诀窍就是在蒸盘上先铺上姜片、葱段等辛香料，让鱼皮不直接接触盘面，就可以减少沾粘的状况。此外这些辛香料还有去腥提味的效果，让蒸鱼风味更佳。

084 鱼肉蒸蛋

材料

鱼肉……80克
鸡蛋……4个
葱丝……10克
红辣椒丝……5克

调味料

米酒……1小匙
盐……1/6小匙
白胡椒粉……1/6小匙
水……300毫升

做法

1. 鱼肉洗净切片，放入滚水中汆烫，约10秒后捞起泡凉，沥干备用。
2. 将鸡蛋打散，和所有调味料拌匀，以细滤网过滤掉结缔组织及泡沫。
3. 将蛋液装碗，放入鱼肉，用保鲜膜封好。
4. 将碗放入蒸笼，以小火蒸约15分钟至蒸蛋熟（轻敲蒸笼，令鸡蛋不会有水波纹）。取出撕去保鲜膜，撒上葱丝、红辣椒丝即可。

085 麻婆豆腐鱼

材料

草鱼肉……1块(约300克)
盒装嫩豆腐……1/2盒
猪肉泥……50克
葱段……30克
姜片……10克
蒜末……10克
姜末……10克
葱花……20克

调味料

米酒……1大匙
辣椒酱……2大匙
酱油……1匙
糖……1匙
水……1/4碗
水淀粉……1大匙
香油……1匙
花椒粉……1/8小匙

做法

1. 将草鱼洗净沥干后，在鱼身切花刀，置于蒸盘上；嫩豆腐切丁备用。
2. 将葱段拍松，与姜片铺在草鱼上，洒上米酒，放入蒸笼，以大火蒸约15分钟至熟，再取出装盘，葱段、姜片及蒸鱼水舍弃不用。
3. 热锅，加入少许色拉油，先以小火爆香蒜末、姜末及辣椒酱，再放入猪肉泥炒至变白松散。
4. 续加入酱油、糖及水，烧开后放入豆腐丁。略煮滚后，开小火，一面慢慢淋入水淀粉，一面摇晃锅子，使水淀粉均匀。
5. 用锅铲轻推，勿使豆腐丁破烂，加入香油及花椒粉、葱花拌匀后，淋至草鱼身上即可。

086 咸鱼蒸豆腐

材料o

咸鲭鱼……………80克
豆腐………………180克
姜丝………………20克

调味料o

香油……………1/2小匙

做法o

1. 豆腐冲净切成厚约1.5厘米的厚片，置于盘里备用（如图1）。
2. 咸鲭鱼略清洗过，斜切成厚约0.5厘米的薄片备用（如图2）。
3. 将咸鱼片摆放在豆腐上（如图3）。
4. 再铺上姜丝（如图4）。
5. 电锅外锅加入3/4杯水，放入蒸架后，将咸鱼片放置架上，（如图5）盖上锅盖，按下开关，蒸至开关跳起，取出鱼后淋上香油即可。

Tips.料理小秘诀

这道料理也可用微波炉做，做法1至做法4同电锅做法，淋上5毫升米酒及50毫升水(材料外)，用保鲜膜封好，放入微波炉以大火微波4分钟即可。

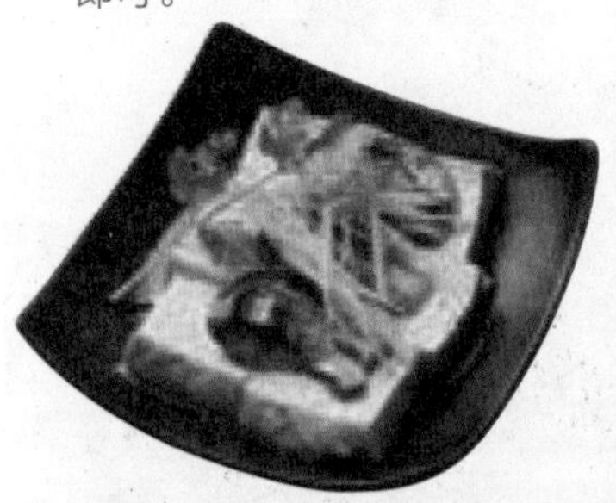

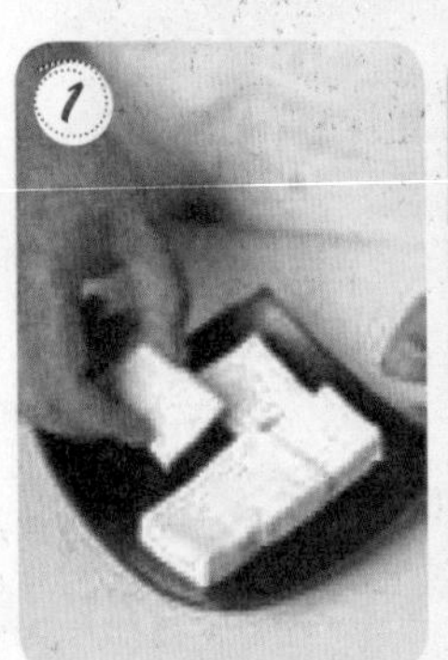

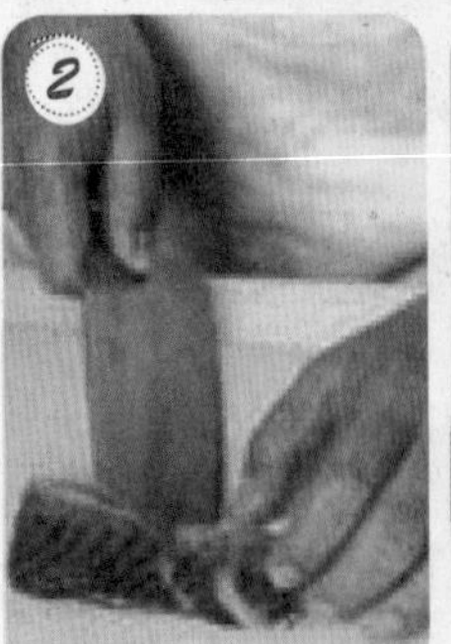

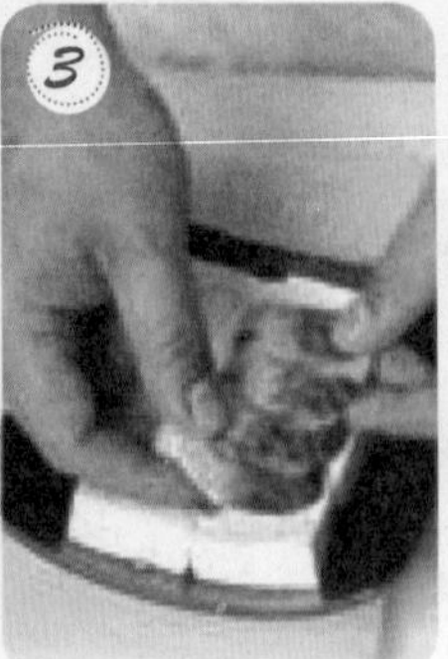

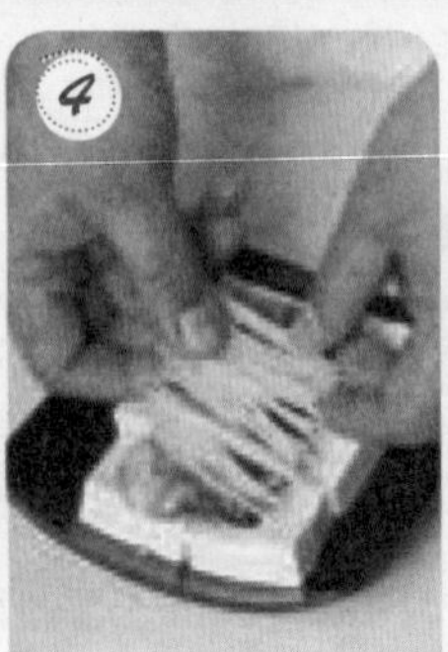

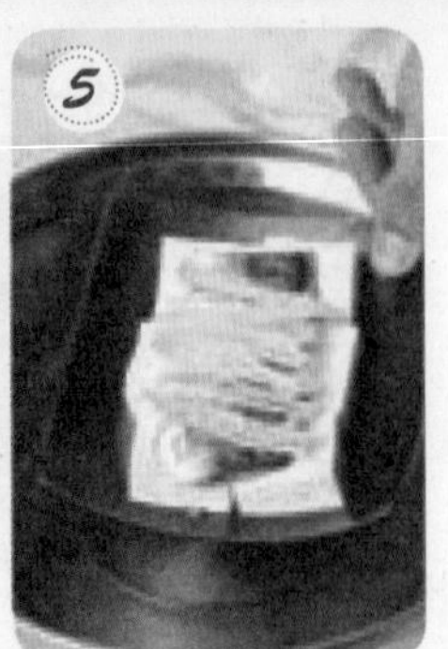

087 荫瓜蒸鱼

材料

荫瓜蒸酱……………适量
豆仔鱼………………1条（约250克）
葱花…………………适量

调味料

香油…………………1小匙

做法

1. 煮一锅水，水滚后放入洗净的豆仔鱼，汆烫约5秒后取出，放置于蒸盘上。
2. 将荫瓜蒸酱淋至豆仔鱼上，封上保鲜膜，放入蒸笼以大火蒸约15分钟后取出，撕去保鲜膜，撒上葱花及香油即可。

荫瓜蒸酱

材料：
市售荫瓜酱140克、米酒20毫升、酱油2大匙、糖1大匙、姜末10克、红辣椒末5克、泡发香菇丝40克

做法：
将荫瓜酱切碎，加入其余材料混合拌匀，即为荫瓜蒸酱。

088 咸冬瓜蒸鳕鱼

材料

咸冬瓜……………2大匙
鳕鱼…1片（约200克）
米酒…………………1大匙
葱……………………1根
红辣椒………………1个

做法

1. 鳕鱼片清洗后放入蒸盘；葱、红辣椒洗净切丝，备用。
2. 咸冬瓜铺在鳕鱼片上，再淋上米酒后，放入电锅中，外锅放1杯水，盖上锅盖后按下启动开关，待开关跳起取出，撒上葱丝、红辣椒丝即可。

Tips.料理小秘诀

清蒸鱼时最重视调味了，那么用古早味的咸冬瓜最好，口味不咸又方便。

089 清蒸鱼卷

材料o

鱼肚档……………250克
香菇……………………4朵
姜丝……………………40克
豆腐……………………1块
葱丝……………………30克
红辣椒丝…………10克
香菜……………………10克
黑胡椒粉………1/2小匙

调味料o

鱼露……………………2大匙
冰糖……………………1小匙
香菇精………………1小匙
水………………100毫升
米酒……………………1大匙
香油……………………2大匙
色拉油………………2大匙

做法o

1. 鱼肚档洗净切片；豆腐洗净切片后铺于盘中；香菇洗净切成丝，备用。
2. 鱼露、冰糖、香菇精、水、米酒一起调匀后备用。
3. 将鱼肚档片包入香菇丝、姜丝后卷起来，放在排好的豆腐片上。
4. 将做法2的调味料，淋上做法3的材料上，放入蒸笼以大火蒸8分钟。
5. 将蒸好的鱼卷取出，撒上葱丝、红辣椒丝、香菜及黑胡椒粉，再把香油、色拉油烧热后，淋在鱼卷上即可。

090 蒜泥蒸鱼片

材料o

蒜泥酱………………适量
鲷鱼片………………1片
（约250克）
葱花…………………10克

调味料o

蚝油……………………1大匙
开水……………………1小匙
糖………………………1小匙

做法o

1. 把鲷鱼片洗净后，切厚片排放蒸盘上。
2. 将所有调味料混合成酱汁备用。
3. 将蒜泥酱淋至鲷鱼片上，封上保鲜膜，放入蒸笼以大火蒸约15分钟后取出，撕去保鲜膜，撒上葱花，再淋上酱汁即可。

蒜泥酱

材料：
A 蒜泥50克
B 色拉油2大匙、米酒1小匙、水1大匙
做法：
（1）取一锅，加入少许色拉油（分量外），待锅烧热至约150℃后熄火。
（2）趁锅热时，将蒜泥入锅略炒香，再加入材料B混合拌匀，即为蒜泥酱。

091 泰式柠檬鱼

材料

柠檬……1/2个
鲈鱼……1条（约500克）
姜片……20克
红辣椒……1个
香菜……少许

调味料

鱼露……2小匙
白胡椒粉……少许
甘味酱油……1大匙
糖……2小匙
香油……1大匙

做法

1. 将鲈鱼洗净，两侧各用菜刀划开5刀，放置于蒸盘内；柠檬洗净切片、红辣椒洗净切斜片备用。
2. 将柠檬片置于切开的鱼肉中，红辣椒片和姜片放在鱼肚中。
3. 将鱼露及白胡椒粉、酱油、糖、香油搅拌均匀，淋于柠檬鱼身上，放入蒸锅以大火蒸约10分钟后至鱼肉熟透取出，撒上香菜即可。

092 粉蒸鳝鱼

材料

鳝鱼片……150克
葱……1根
蒜末……20克

调味料

A 蒸肉粉……2大匙
辣椒酱……1大匙
酒酿……1大匙
酱油……1小匙
糖……1小匙
香油……1大匙
B 香醋……1大匙

做法

1. 鳝鱼片洗净后沥干，切成长约5厘米的鱼片；葱洗净切丝，备用。
2. 将鳝鱼片、蒜末与调味料A一起拌匀后，腌渍约5分钟后装盘。
3. 电锅外锅加入1/2杯水，放入蒸架后，将鳝鱼片放置架上，盖上锅盖，按下开关，蒸至开关跳起，取出并撒上葱丝，淋上香醋即可。

Tips.料理小秘诀

这道料理也可用微波炉做，做法1同电锅做法，再将鳝鱼片、蒜末、水60毫升与调味料A一起拌匀，腌渍约5分钟后装盘用保鲜膜封好，放入微波炉，以大火微波4分钟后取出，撒上葱丝，淋上香醋即可。

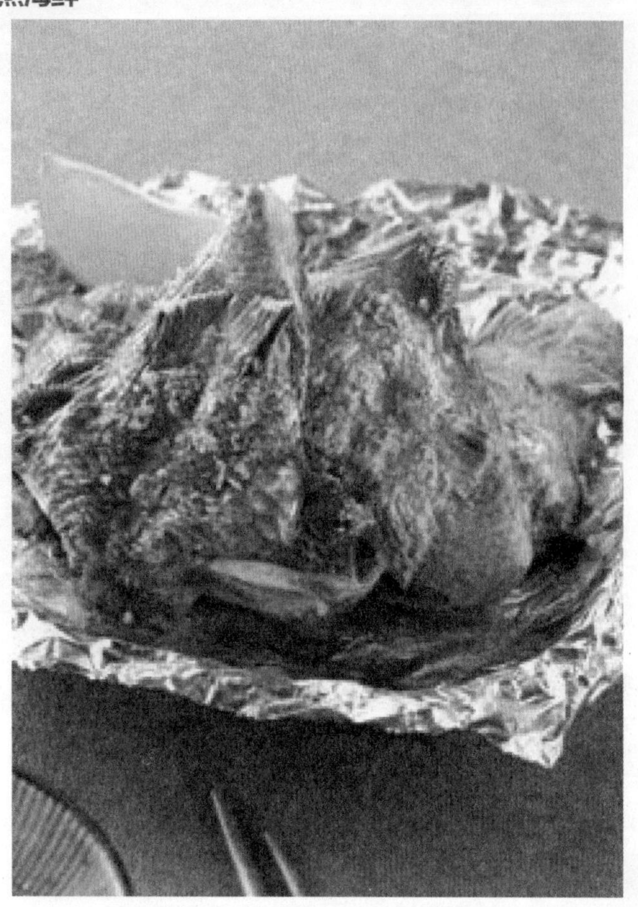

093 盐烤鱼下巴

材料○

鱼下巴……………………4片

调味料○

米酒……………………2大匙
盐……………………1小匙

做法○

1. 鱼下巴洗净后抹上米酒，静置约3分钟。
2. 烤箱预热至220℃，于烤盘铺上铝箔纸备用。
3. 将盐均匀地撒在鱼下巴的两面，再将其放至烤盘上，放入烤箱烤约7分钟至熟即可。

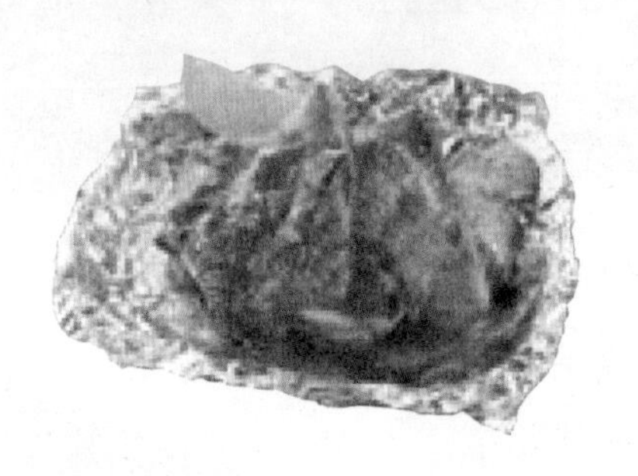

094 盐烤三文鱼

材料○

三文鱼……………………1片
奶油……………………1大匙
白酒……………………1大匙
洋葱丝……………………适量

调味料○

盐……………………少许

做法○

1. 三文鱼洗净，用餐纸吸干水分，再将盐均匀抹在三文鱼上。
2. 取一铝箔纸，底部涂上奶油、铺上洋葱丝，再放入三文鱼、淋入白酒，接着再包紧开口，放入烤箱中，以200℃烤约15分钟即可。

Tips.料理小秘诀

三文鱼因为富含油脂，所以吃起来肉质软嫩有弹性，不论是做成生鱼片或是用煎烤的方式料理都很合适，只要鱼够新鲜，简单调味就很鲜美。加上三文鱼一般多是以鱼片贩售，简单易熟的特点更适合用烤的。

095 盐烤香鱼

材料

香鱼……………………3条
柠檬……………………适量
巴西里…………………适量

调味料

米酒……………1/2大匙
盐………………1/2大匙

做法

1. 香鱼洗净后沥干，均匀地抹上米酒腌约5分钟备用。
2. 在香鱼表面均匀地抹上一层盐，放入已预热的烤箱中以220℃烤约15分钟。
3. 取出烤好的香鱼，搭配柠檬片、巴西里即可。

Tips.料理小秘诀

可以利用铝箔纸包裹鱼，再放进烤箱，这样就可以减少鱼皮沾粘在烤盘上的状况。但是记得在铝箔纸上剪几个小洞以透气，这样才不会因为有水蒸气而使肉质过于软烂。

096 葱烤白鲳鱼

材料

白鲳鱼……………… 1条
香菜………………… 适量

腌料

葱末………………… 1大匙
酱油………………… 1小匙
糖…………………… 1/4小匙
姜泥………………… 1/4小匙
米酒………………… 1/4小匙
番茄酱……………… 1大匙

做法

1. 将所有的腌料混合均匀成葱味腌酱备用。
2. 鲳鱼洗净，在两面各划上花刀。
3. 将鲳鱼加入葱味腌酱腌约15分钟备用。
4. 将鲳鱼放入已预热的烤箱中，以150℃烤约15分钟取出盛盘，再摆上香菜装饰即可。

Tips.料理小秘诀

在鱼的两侧划花刀，可以让鱼在腌的过程中更快入味，但是不要划太多刀让刀痕相隔太近，以免在烹调过程中让鱼肉散开。

097 烤秋刀鱼

材料

秋刀鱼……2条
柠檬片……适量

调味料

盐……1小匙
米酒……1大匙
葱段……10克
姜片……10克

做法

1. 将秋刀鱼处理后洗净，加入所有腌料腌约5分钟备用。
2. 将秋刀鱼放入已预热的烤箱中，以250℃烤约15分钟，搭配柠檬片食用即可。

Tips.料理小秘诀

如果喜欢口味再重一点，可以在烤到一半的时候，在鱼的表面刷上一点酱油膏，再继续烤熟，不但入味，颜色也会非常漂亮。

098 柠香烤鱼

材料

柠檬……1/2个
四破鱼……2条

调味料

香油……1小匙
盐……1大匙
米酒……1大匙

做法

1. 将四破鱼洗净，以厨房纸巾擦干水分，再将调味料均匀地涂抹在鱼身。
2. 将四破鱼放入烤箱中，以200℃烤约10分钟即可。
3. 最后将烤好的四破鱼取出，淋上新鲜的柠檬汁即可。

Tips.料理小秘诀

做烤鱼要省钱又美味，不妨选择当季盛产的渔获，不仅便宜又好吃，或者可以选择人工养殖的鱼类，它们的价格比进口鱼低。

099 麻辣烤鱼

材料o

香鱼……2条
芹菜……50克
蒜末……20克
姜末……10克
香菜末……5克

调味料o

辣豆瓣酱……2大匙
辣椒粉……1/2小匙
花椒粉……1/2小匙
水……100毫升
米酒……1大匙
糖……1/2小匙

做法o

1. 先将香鱼去除鳃及内脏后洗净，放置烤碗中；芹菜洗净，切成长约4厘米的段。
2. 热锅，加入约2大匙色拉油，以小火炒香蒜末、姜末及辣豆瓣酱。
3. 续加入香菜末、辣椒粉及花椒粉炒匀，再加入水、米酒及糖。
4. 煮滚后加入芹菜段，淋至香鱼上。烤箱预热至250℃，将香鱼放入烤箱，烤约15分钟至熟即可。

100 味噌酱烤鳕鱼

材料o

鳕鱼片……2片
柠檬……2瓣

调味料o

A 味醂……2大匙
白味噌……1/2大匙
B 七味粉……适量

做法o

1. 将鳕鱼片洗净加入所有调味料A腌约10分钟备用。
2. 烤盘铺上铝箔纸，并在表面上涂上少许色拉油，放上鳕鱼片。
3. 烤箱预热至150℃，放入鳕鱼，烤约10分钟至熟。
4. 取出鳕鱼，挤上柠檬汁，再撒上适量的七味粉即可。

Tips.料理小秘诀

没有覆盖铝箔纸烤出来的鳕鱼表面会比较酥脆，如果利用铝箔纸包起来或盖起来烤，鱼肉的水分蒸不出去，会产生一种蒸烤的效果，使鱼肉表面比较湿润，别有一番风味，喜欢这种口感的人不妨试一试。

101 酱笋虱目鱼

材料o

虱目鱼……200克
酱笋……30克
姜丝……10克
蒜末……5克
葱丝……5克
红辣椒丝……5克

调味料o

糖……1小匙
米酒……1大匙
酱油……1大匙
水……160毫升

做法o

1. 虱目鱼洗净，沥干水分备用。
2. 铝箔纸折成适当大小的容器。
3. 将虱目鱼放入铝箔纸中，加进酱笋、蒜末、姜丝与所有的调味料后，将铝箔纸包好，封口捏紧。
4. 将做法3的材料放入已预热的烤箱，以180℃烤约20分钟，取出撒上葱丝、红辣椒丝即可。

102 芝麻香烤柳叶鱼

材料o

柳叶鱼……300克
熟白芝麻……1/2大匙

调味料o

糖……1/2小匙
酱油……1/4小匙

做法o

1. 柳叶鱼洗净，备用。
2. 将柳叶鱼加入所有调味料拌匀，腌渍约5分钟。
3. 烤箱预热至150℃，放入柳叶鱼烤约5分钟至熟，取出撒上熟白芝麻（可另加入柠檬片装饰）。

Tips.料理小秘诀

一般料理柳叶鱼都是用炸的，但其实用烤的也别有一番风味。因为柳叶鱼较小、易熟，所以在烤的时候记得要拿捏好时间，以免一不小心就烤焦了而影响鱼的口感。

103 烤奶油鳕鱼

材料○

鳕鱼……………………1片
蒜仁……………………2粒
红辣椒…………………1个
洋葱…………………1/2个
姜………………………5克

调味料○

奶油…………………1大匙
香油…………………1小匙
白胡椒粉……………少许
盐………………………少许
米酒…………………1大匙

做法○

1. 鳕鱼洗净后，将水分吸干放置烤盘上。
2. 蒜仁、红辣椒、洋葱和姜洗净沥干，切丝备用。
3. 将做法2的材料混合拌匀，与所有调味料一起铺在鳕鱼上，再放入已预热的烤箱中，以上火190℃／下火190℃烤约15分钟即可。

Tips.料理小秘诀

鳕鱼表面的水分若没有完全吸干，放入烤箱烤时，奶油就无法完全渗入鱼肉之中。

104 烤韩式辣味鱼肚

材料

虱目鱼肚……………1片
巴西里末……………适量
熟白芝麻……………适量

腌料

韩式辣椒粉………1大匙
米酒………………2大匙
鱼露………………1/2大匙
七味粉…………1/4小匙

做法

1. 将腌料做成韩式辣味腌酱，混合均匀备用。
2. 虱目鱼肚剔除细刺后洗净。
3. 将虱目鱼肚加入韩式辣味腌酱后稍腌一下备用。
4. 将虱目鱼肚放入已预热的烤箱中， 以150℃烤约10分钟。
5. 取出虱目鱼肚，撒上熟白芝麻及巴西里末即可。

105 韩式辣味烤鲷鱼

材料

鲷鱼片……………300克
韩式泡菜…………50克
（带汁）
芦笋…………………4根

做法

1. 将韩式泡菜汁倒出，并挤出汤汁后，将鲷鱼片放入泡菜汁中拌匀，腌约3分钟备用。
2. 芦笋削除底部粗皮洗净备用。
3. 烤箱预热至180℃，放入鲷鱼片、韩式泡菜及芦笋，烤约8分钟至熟。
4. 取出做法3的材料，在盘中先铺上芦笋，再摆上鲷鱼片及韩式泡菜即可。

106 焗三文鱼

材料

三文鱼……………… 1片
鲜奶…………… 50毫升
盐……………………1小匙
白酒…………………1大匙
巴西里碎…………1大匙
奶酪丝………………适量

调味料

奶油白酱………… 3大匙

做法

1. 三文鱼洗净，先用鲜奶、盐和白酒腌约30分钟，再取出放入锅中煎至半熟后，盛入容器中。
2. 接着淋上奶油白酱和巴西里碎，再铺上少许的奶酪丝，放入已预热的烤箱中，以上火250℃ / 下火100℃烤5~10分钟，至外观略上色即可。

奶油白酱

材料：
奶油100克、低筋面粉90克、冷开水400毫升、动物性鲜奶油400克、盐7克、糖7克、奶酪粉20克

做法：
（1）奶油以小火煮至溶化，再倒入低筋面粉炒至糊化，接着再慢慢倒入冷开水把面糊煮开。
（2）最后加入动物性鲜奶油、盐、糖和奶酪粉拌匀即可。

备注：也可加入少量的乳酪或奶酪丝，可增添白酱的风味和口感。

107 蒲烧鳗

材料

蒲烧鳗鱼……………1/2条
山椒粉…………………适量

调味料

蒲烧酱………………325克

做法

1. 将蒲烧酱放入锅中，以大火将其煮沸后改小火，慢慢煮约40分钟至呈浓稠状备用。
2. 蒲烧鳗鱼切成约4等份，取2等份用竹签小心串起，重覆此做法至材料用毕。
3. 热一烤架，放上蒲烧鳗鱼串烧烤至两面皆略干。
4. 蒲烧鳗鱼串重覆涂上做法1的酱汁2~3次，烤至入味后，撒上山椒粉即可。

蒲烧酱

材料：
酱油100毫升、米酒100毫升、味醂90毫升、糖45克、麦芽20克

做法：
将所有材料混合后，以大火将其煮至沸腾，改转小火煮至酱汁呈浓稠状即可。

108 烟熏鲷鱼片

材料

鲷鱼片……2片（大片）
生菜丝…………………少许

腌料

茶叶汁……………2大匙
米酒…………………1大匙
红糖…………………1大匙
酱油………………1/2大匙
番茄酱……………1大匙

做法

1. 将所有腌料混合均匀成熏鱼片腌酱备用。
2. 将鲷鱼片洗净，加入熏鱼片腌酱腌约20分钟。
3. 取出鲷鱼片，放置于烤网上备用。
4. 取锅，锅中铺上铝箔纸，倒入做法2其余的熏鱼片腌酱，放入熏鱼片，盖上锅盖，以中火烟熏约10分钟至鱼片熟，搭配生菜丝食用即可。

Tips.料理小秘诀

除了腌料的汤汁外，还可以将茶叶也一起放入锅中，熏出来的风味更有茶香。

109 柠汁西柚焗鲷鱼

材料

鲷鱼片……200克
奶酪丝……50克
红甜椒末……少许

调味料

柠檬汁……10毫升
西柚汁……20毫升
面粉……1/2大匙

做法

1. 柠檬汁、西柚汁、面粉拌匀成面糊，将洗净的鲷鱼片放入沾裹均匀。
2. 热油锅，将鲷鱼片放入油锅内，以小火煎熟后起锅，装入烤盘中，放上奶酪丝。
3. 将鲷鱼放入烤箱中，以上火250℃ / 下火150℃烤约2分钟至表面呈金黄色即可。
4. 最后撒上少许红甜椒末装饰即可。

110 沙拉鲈鱼

材料

金目鲈……1条
洋葱……1/2个
香菜根……3根
姜末……20克
蒜仁……3粒
芹菜叶……20克
胡萝卜丝……20克
葱……1根
美乃滋……1大匙

调味料

盐……1小匙
米酒……1小匙
蚝油……1.5小匙
糖……1/2小匙
白胡椒粉……1/2小匙

做法

1. 先将金目鲈清理干净，斜刀切成4段。
2. 取一容器，放入洋葱、香菜根、姜末、蒜仁、芹菜叶和胡萝卜丝，加入调味料后用手抓匀。
3. 将金目鲈和做法2的材料混合拌匀，腌约2小时。
4. 取一烤盘，放上葱铺底，再将腌好的鲈鱼摆上，把烤盘放入预热至180℃的烤箱中，烤约15分钟后取出，食用时蘸美乃滋即可。

111 三文鱼奶酪卷

材料o

三文鱼300克、奶酪片2片、上海青3棵

腌料o

米酒1大匙、盐1/2小匙、胡椒粉1/2小匙、淀粉1小匙

做法o

1. 将三文鱼洗净，切成12片，用所有腌料腌10分钟至入味备用。
2. 上海青洗净，取大片菜叶用盐水泡软备用。
3. 奶酪片切成12小片，取2片三文鱼片于其中夹入2小片奶酪片，再用上海青叶包卷起来，封口朝下，重覆此做法至材料用毕。
4. 烤箱预热至220℃，将做法3的材料放在抹有油的铝箔纸上包起来，入烤箱烤约10分钟后，取出盛盘，并淋上流出的奶酪汁即可。

Tips.料理小秘诀

三文鱼易熟，使用前一定要先用调味料腌过，再用上海青叶包卷起来。由于上海青容易变色，入烤箱前一定要将上海青叶泡盐水（盐与水的比例为1：10），一方面是为了让菜叶变软便于包卷，另一方面是防止其变色。而铝箔纸抗油，能避免菜叶沾粘在铝箔纸上。

112 培根鱼卷

材料o

培根……6片
鲍鱼肚档……100克
葱段……适量
红甜椒……适量
黄甜椒……适量

腌料o

盐……少许
米酒……1小匙
白胡椒粉……少许

做法o

1. 鲍鱼肚档洗净切条状，加入所有腌料腌约5分钟；红甜椒条、黄甜椒洗净切条状，备用。
2. 取培根将鱼条、红甜椒条、黄甜椒条、葱段卷起来，用牙签固定备用。
3. 将培根鱼卷放入已预热的烤箱中，以220℃烤约10分钟即可。

113 醋熘草鱼块

材料

草鱼块……1块（约300克）
葱……2根
姜……30克

调味料

A 水……100毫升
米酒……2大匙
香醋……100毫升
酱油……1大匙
糖……2大匙
白胡椒粉……1/4小匙

B 水淀粉……1大匙
香油……1大匙

做法

1. 先将草鱼块洗净，在鱼肉上划斜刀；取20克姜洗净先拍裂；10克的姜洗净切末备用；葱切丝（如图1）。
2. 取一炒锅，于锅内加入适量水（分量外，水的高度以可淹过鱼肉为准），将水煮滚后加入米酒、葱和20克的姜（如图2）。
3. 续放入草鱼块（如图3），水滚后转至小火，煮约8分钟至熟后捞起草鱼块，沥干装盘（如图4）。
4. 热锅，倒入少许油，先将姜末和其余调味料A放入混合拌匀，煮滚后用水淀粉勾芡（如图5），再洒入香油，最后将酱汁淋至草鱼块上，撒上葱丝即可（如图6）。

Tips.料理小秘诀

在水煮鱼块时，可先于水中放入葱和姜去腥。而因为有时选用的鱼块较大、肉较厚，若用大火煮容易造成外表的鱼肉过老，内部的鱼肉却未熟的情形产生。因此以小火让煮鱼的水保持微滚最佳。

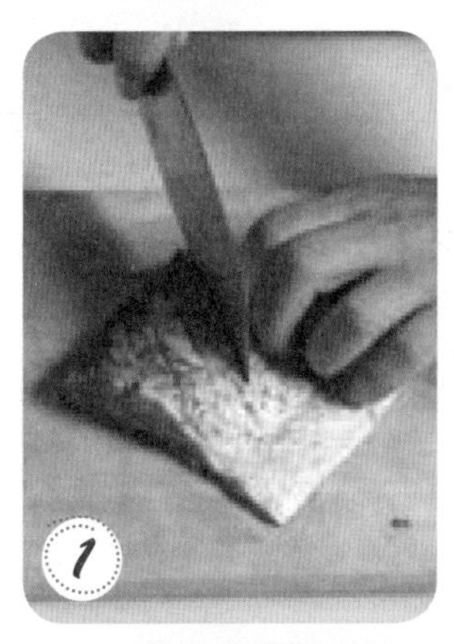

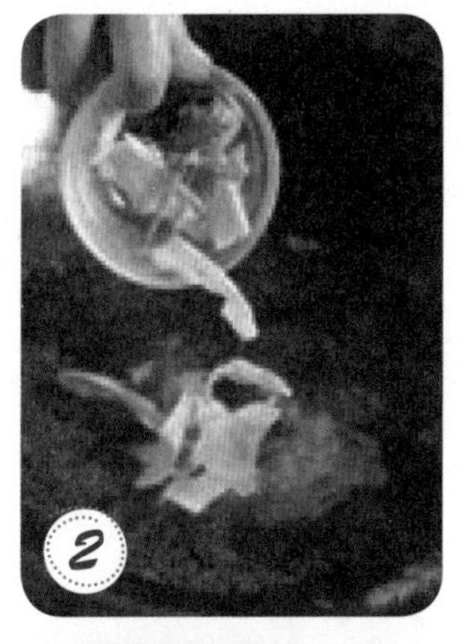

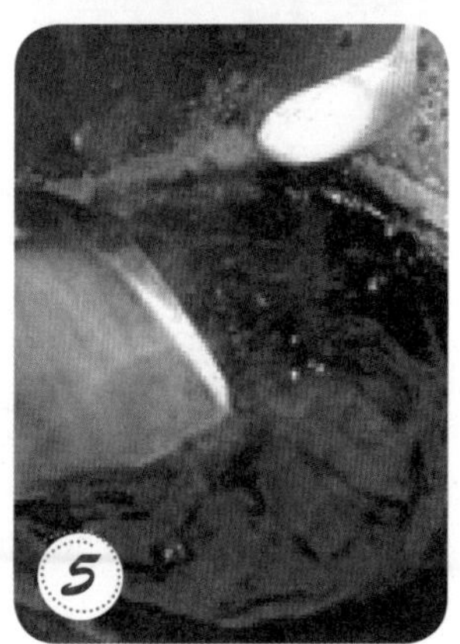

114 中式凉拌鱼片

材料o

A 鲷鱼……………120克
B 蛋清………………1个
淀粉………………适量
小黄瓜……………1条
姜片………………2片
嫩姜丝……………5克

调味料o

沙茶酱……………20克
酱油……………10毫升
糖………………………5克
热开水…………10毫升
白醋………………5毫升
香油………………5毫升

做法o

1. 鲷鱼洗净切片，用蛋清抓拌至有粘性后，均匀裹上淀粉，静置约5分钟备用。
2. 小黄瓜洗净、切成薄片摆盘备用。
3. 取一锅煮水至滚沸，放入姜片煮至再度滚沸。
4. 于锅中放入鲷鱼片，且用锅铲轻轻拨动，使鱼片分开，鱼片烫熟后捞出摆于做法2的盘上。
5. 取1碗，加入所有调味料混合，再均匀淋于鲷鱼片上，最后摆上嫩姜丝即可。

115 五味鱼片

材料
鲷鱼片……………400克
姜片…………………适量
葱段…………………适量
米酒…………………适量

调味料
五味酱……………适量

1. 鲷鱼片洗净切厚片备用。
2. 热一锅水，加入姜片、葱段煮沸后，加入米酒、鲷鱼片煮至沸腾，熄火盖上锅盖闷约2分钟。
3. 捞出鲷鱼片沥干盛盘，淋上适量的五味酱即可。

五味酱

材料：
蒜末10克、姜末10克、葱末10克、红辣椒末10克、香菜末10克、乌醋1大匙、白醋1大匙、糖2大匙、酱油2大匙、酱油膏1大匙、番茄酱2大匙

做法：
取一容器，将全部材料搅拌均匀即可。

116 蒜泥鱼片

材料

蒜仁……30克
草鱼肉……1块（约200克）
绿豆芽……100克
葱……2根
姜……10克

调味料

A 盐……1/6小匙
白胡椒粉……1/6小匙
淀粉……1小匙
米酒……1小匙
B 酱油……3大匙
糖……1/2小匙
香油……1小匙

做法

1. 草鱼肉洗净，以厨房纸巾擦干水分，切成厚约1厘米的厚片，以调味料A拌匀备用。
2. 葱、姜、蒜仁均洗净、切末，与调味料B混合成蘸酱备用。
3. 烧一锅水，水开时先放入洗净的绿豆芽烫约20秒钟后捞起装盘，待水再滚时放入鱼片烫约30秒钟即捞起，铺在绿豆芽上，最后淋上蘸酱即可。

117 蒜椒鱼片

材料o

蒜仁……………………60克
红辣椒 ………………… 2个
鲜鱼肉 …………… 180克

调味料o

A 淀粉 ……………1小匙
料酒 ……………1小匙
蛋清 ……………1大匙
B 盐……………1/2小匙
鸡粉 …………1/2小匙

做法o

1. 将鲜鱼肉洗净切成厚约0.5厘米的片状，再以调味料A抓匀，备用。
2. 蒜仁、红辣椒洗净皆切末，备用。
3. 将鲜鱼片放入滚水中氽烫约1分钟至熟，即装盘备用。
4. 热锅，加入约2大匙的色拉油，放入蒜末、红辣椒末及盐、鸡粉，以小火炒约1分钟至有香味后即可起锅。
5. 把做法4的材料淋至鱼片上即可。

118 红油鱼片

材料o

鲷鱼片200克、绿豆芽30克、葱末5克

调味料o

酱油2小匙、蚝油1小匙、白醋1小匙、糖1.5小匙、红油2大匙、冷开水2小匙

做法o

1. 鲷鱼片洗净切花片备用。
2. 所有调味料放入碗中拌匀成酱汁备用。
3. 锅中倒入适量水烧开，先放入绿豆芽氽烫约5秒，捞出沥干盛入盘中备用。
4. 续将鲷鱼片放入滚水锅中，氽烫至再次滚沸，熄火浸泡约3分钟，捞出沥干放入绿豆芽上，最后淋上酱汁并撒上葱末即可。

Tips.料理小秘诀

新鲜的薄片鱼肉只需要稍微氽烫一下，就是最好的料理方式，既快速又能完美表现出鱼肉的鲜甜滋味。搭配上口味重且较为浓稠的酱汁，能紧紧包裹在鱼片的表面上，外香滑内鲜甜的绝佳鱼料理，5分钟就能上桌。

119 味噌烫鱼片

材料o

味噌酱油酱…………适量
鲷鱼片………………1片
姜……………………6克
芹菜…………………3根
红辣椒………………1个

做法o

1. 首先将鱼肉洗净，切成大丁状，再放入约80℃的热水中烫约1分钟后捞起备用。
2. 芹菜洗净切成段状；红辣椒、姜洗净切丝，都放入滚水中汆烫捞起备用。
3. 将做法1、做法2的所有材料混匀放入盘中，再淋入味噌酱油酱即可。

Tips.料理小秘诀

鱼片易熟，所以汆烫鱼肉时一定要注意，当鱼肉放入热水中，用热水的温度泡熟，不要一直去搅动它，才不容易散掉。

• 味噌酱油酱 •

材料：
市售白味噌2大匙、香油1小匙、酱油1小匙、糖1大匙、开水1大匙
做法：
将所有材料混合均匀，至糖完全溶化即可。

120 西红柿鱼片

材料○

大西红柿……………1个
鲷鱼片………………1片
茄汁酱………………适量

做法○

1. 将鲷鱼片切成块状，再放入滚水中汆烫过水备用。
2. 将大西红柿洗净去蒂，切小块状。
3. 最后将做法1、做法2的所有材料混匀，再淋入茄汁酱拌匀即可。

● 茄汁酱 ●

材料：
新鲜罗勒2根、香菜2根、红辣椒1/3个、盐少许、黑胡椒粉少许、糖少许、番茄酱3大匙

做法：
（1）罗勒洗净切丝；香菜洗净切碎；红辣椒洗净切丝备用。
（2）将做法1的材料和其余材料混合均匀即可。

121 金枪鱼拌小黄瓜片

材料○

金枪鱼罐头…………1罐
小黄瓜………………1条
姜丝…………………10克
洋葱丝………………20克

调味料○

白醋……………20毫升
糖………………………5克
盐……………………适量
白胡椒粉……………适量

做法○

1. 取出金枪鱼去油、切成碎状；小黄瓜洗净切片备用。
2. 小黄瓜片、姜丝及洋葱丝分别用盐抓匀、挤干水分摆盘。
3. 取一调理盆，放入所有调味料搅拌均匀，再加入金枪鱼碎混匀，盛入做法2的盘中即可。

122 芒果三文鱼沙拉

材料o

芒果……………………1个
三文鱼罐头…………1罐
小黄瓜………………1条
莴苣…………………1/3个
小西红柿……………2个

调味料o

千岛沙拉酱…………50克

做法o

1. 将小黄瓜洗净，先切成长条后再切丁状备用。
2. 芒果洗净、切成丁状；莴苣洗净、切细条状；小西红柿洗净对切摆盘备用。
3. 取一调理盆，放入三文鱼、芒果丁、小黄瓜丁和莴苣条，再加入千岛沙拉酱，一起搅拌均匀再盛起放于做法2的盘内即可。

Tips.料理小秘诀

三文鱼罐头已经经过调味，所以有一定的咸度，不需要另外加盐，以免吃起来太咸。三文鱼罐头虽然料理方便，但一旦打开后就很容易干掉，若是没食用完记得将鱼肉倒出装好再放进冰箱，千万不要直接将罐头连鱼肉一起放入，以免变质。

123 莳萝三文鱼沙拉

材料

新鲜莳萝……………适量
三文鱼……………200克

腌料

新鲜莳萝末………1小匙
蒜片…………………1小匙
海盐………………1/2小匙
柠檬汁………………1大匙
橄榄油………………1大匙

做法

1. 将所有腌料拌匀成莳萝柠檬腌酱备用。
2. 三文鱼去皮去骨，洗净后切片。
3. 将三文鱼加入莳萝柠檬腌酱拌匀，放入冰箱冷藏，腌约2小时。
4. 取出三文鱼片盛盘，再加上新鲜莳萝即可。

Tips.料理小秘诀

因为莳萝的味道非常浓郁，加太多会盖过其他食材的风味，所以在添加时要斟酌。此外这道菜的三文鱼要生食，因此要买当日新鲜或是生食专用的三文鱼。

124 尼可西糖醋鱼条

材料

A 鳕鱼条…………120克
B 淀粉………………20克
鸡蛋液……………1个
盐…………………适量
白胡椒粉…………适量
洋葱丝……………适量
柠檬片……………2片
辣椒粉……………少许
巴西里末…………少许

调味料

白醋…………250毫升
糖…………………120克
开水……………100毫升

做法

1. 于鳕鱼条表面撒上少许盐、白胡椒粉后，依序均匀裹上鸡蛋液、淀粉。
2. 热一油锅，倒入适量油烧热，放入鳕鱼条以中火炸至表面呈金黄色，捞起、沥油备用。
3. 另热一锅，放入适当的油烧热，放入洋葱丝略炒爆香即起锅备用。
4. 取一调理盆，先加入洋葱丝及所有调味料搅拌均匀，再放入鳕鱼条混匀，冷藏腌渍约1天取出、盛盘；最后加上柠檬片、少许巴西里末及少许辣椒粉装饰即可。

Tips.料理小秘诀

鳕鱼因为肉质较软，所以在炸的时候除了不要太大力翻动鳕鱼条之外，也不要一直翻动，以免鱼肉还未定型就先散开。另外，炸鱼时建议不要用大火，以免造成加热过快，鱼条的表皮先焦而内部鱼肉还未熟。

125 醋渍鲭鱼沙拉

材料○

鲭鱼……………………300克

腌料○

蒜片……………………1小匙
海盐……………………1小匙
白酒醋……………… 2大匙
橄榄油………………1大匙
柠檬片…………………8片
洋葱片…………………2片
月桂叶片………………2片
黑胡椒粒………1/4小匙

做法○

1. 将所有的腌料拌匀成白酒醋渍腌酱备用。
2. 鲭鱼洗净后去骨，将鱼肉切小片备用。
3. 将水煮沸后，淋在鲭鱼上，略烫至鲭鱼表面约1分熟，取出鲭鱼沥干。
4. 将鲭鱼浸泡在白酒醋渍腌酱中，放入冰箱冷藏腌约3小时后，取出切薄片盛盘即可。

126 鳗鱼豆芽沙拉

材料○

鳗鱼罐头……………… 1罐
绿豆芽 ……………150克
生菜丝 ………………30克
小黄瓜 ………………… 1条
红辣椒丝……………少许

调味料○

橄榄油 ………… 50毫升
白胡椒粉……………适量
盐 ……………………适量

做法○

1. 取一盘，将生菜丝均匀铺于盘底备用。
2. 取一碗，放入所有调味料拌匀成酱汁备用。
3. 小黄瓜洗净切片，泡在冰开水中使其清脆，捞起排在生菜丝周围作装饰备用。
4. 绿豆芽用滚水汆烫熟后，以冷开水冲凉、捞起沥干水分放于做法3的盘上，再放上鳗鱼及少许生菜丝、红辣椒丝装饰，最后淋上酱汁即可。

127 印尼鲷鱼沙拉

材料

鲷鱼…… 1片(约120克)
洋葱丝……10克
红辣椒丝……10克
巴西里碎……5克
淀粉……10克
盐……少许
白胡椒粉……少许

调味料

番茄酱……100克
柠檬汁……30克
辣椒粉……5克
糖……少许
盐……适量
白胡椒粉……适量

做法

1. 取一盘，将洋葱丝、红辣椒丝排盘备用。
2. 取一碗，将所有调味料拌匀成淋酱备用。
3. 鲷鱼洗净、切片，于表面均匀撒上材料中的白胡椒粉、盐略调味，再依序裹上淀粉备用。
4. 热一油锅，倒入适量油，再放入鲷鱼片以中火炸至熟，捞起盛入做法1的盘内备用。
5. 将淋酱淋在鲷鱼片上，最后撒上巴西里碎作装饰即可。

128 腌渍鲷鱼拌生菜

材料o

鲷鱼……1片(约200克)
黄卷须生菜……120克
洋葱丝……适量
巴西里碎……5克

调味料o

柠檬汁……20毫升
白酒醋……30毫升
橄榄油……120毫升
盐……适量
七彩胡椒粉……适量

做法o

1. 鲷鱼肉洗净、切薄片，于表面撒点盐抹匀，再放入冰箱冷藏腌渍约3小时备用。
2. 取出鲷鱼片，将柠檬汁、白酒醋及橄榄油均匀涂抹于鱼表面。
3. 取一调理盆，放入黄卷须生菜、洋葱丝、巴西里碎及七彩胡椒粉混合拌匀，再加入腌渍好的鲷鱼肉片，拌至入味后盛盘即可。

129 意式金枪鱼四季豆沙拉

材料o

金枪鱼……………120克
四季豆………………50克
小西红柿……………20克
土豆…………………40克

调味料o

橄榄油…………120毫升
盐……………………适量
白胡椒粉……………适量

做法o

1. 小西红柿洗净后对切2等份备用。
2. 四季豆洗净，放入加了少许盐的滚水中煮至熟，取出以冷开水冲凉、捞起切段备用。
3. 土豆去皮洗净，放入加了少许盐的滚水中煮至熟，捞起放凉，再切成不规则小块备用。
4. 取一调理盆，将四季豆、小西红柿、土豆块、橄榄油、盐及白胡椒粉放入，拌匀后盛盘。
5. 将金枪鱼撕成薄片状，均匀撒在做法4的材料上即可。

备注：做法2、做法3煮食材的盐及水皆为材料分量外。

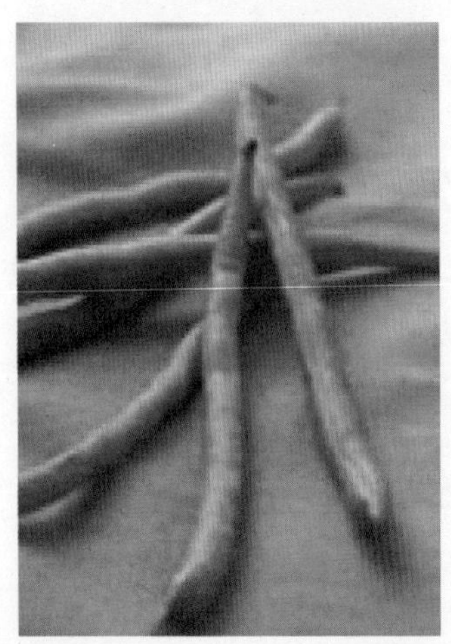

130 金枪鱼柳橙盅

材料

柳橙……1个
金枪鱼……20克
芦笋……2根
巴西里……适量
巴西里末……少许

调味料

洋葱末……30克
美乃滋……50克
盐……适量
白胡椒粉……适量

做法

1. 柳橙洗净、挖出果肉，将果肉切小丁（柳橙盅保留）备用。
2. 芦笋用滚水汆烫至熟捞出；巴西里洗净后排入盘中装饰。
3. 金枪鱼去油后切成碎状，与所有调味料及柳橙果肉丁混合均匀备用。
4. 取适量做法3的材料填入柳橙盅内，摆入芦笋，再放于做法2的盘中，撒上巴西里末即可。

131 洋葱拌金枪鱼

材料

金枪鱼罐头…………1罐
洋葱………………1个
葱花………………1大匙

调味料

柳橙原汁………60毫升
米醋……………60毫升
酱油……………60毫升
味醂……………20毫升

做法

1. 洋葱洗净去外皮薄膜后切细丝，再与所有调味料拌匀，备用。
2. 金枪鱼罐头开罐后倒出、滤油，将金枪鱼肉弄散备用。
3. 将洋葱丝夹出摆入盘中，接着把金枪鱼肉铺在洋葱丝上，淋上做法1剩余的酱汁，最后撒上葱花即可。

Tips.料理小秘诀

洋葱的辛辣味可以中和金枪鱼的腥味，也可以增加脆脆的口感。但若不喜欢吃起来有太呛的味道，也可以将洋葱放进纱袋中以清水揉洗，如此就可以洗去大部分的辛辣味。

132 和风拌鱼皮

材料

三文鱼皮…………150克
洋葱…………………50克
柴鱼片………………少许
海苔丝………………少许
葱花…………………少许

调味料

酱油…………………1大匙
柠檬汁………………1小匙
糖……………………1小匙
凉开水……………2大匙

做法

1. 洋葱洗净切丝，泡冰开水5分钟后沥干，摆入碗中。
2. 三文鱼皮洗净切小段，放入滚水中汆烫约1分钟后取出，泡入冰开水至凉后捞起沥干，铺于洋葱丝上。
3. 将所有调味料混合调匀，淋至三文鱼皮上，再撒上柴鱼片、海苔丝及葱花即可。

Tips.料理小秘诀

海鲜材料总是带有腥味，鱼皮也不例外，尤其制作凉拌鱼皮时，腥味会让整道菜都走味，因此在汆烫鱼皮的时候也可以加点洋葱丝、蒜仁和米酒一起汆烫，就能简单又方便地去除掉鱼皮的腥味。

133 凉拌鱼皮

材料○

鲷鱼皮……300克
洋葱丝……40克
甜椒丝……适量
香菜……适量

调味料○

糖……少许
盐……少许
乌醋……1/2大匙
白醋……1大匙
味醂……40毫升
鲣鱼酱油……1.5大匙

做法○

1. 热一锅水，待沸腾后熄火1分钟，放入洗净的鲷鱼皮略烫，立即捞起泡冰水备用。
2. 洋葱丝泡冰水至呈透明状，备用。
3. 混合所有调味料与洋葱丝，再加入鲷鱼皮拌匀，撒上香菜及甜椒丝即可。

Tips.料理小秘诀

在专门卖鱼的摊子就可以买到鲷鱼皮，通常买回来就已经处理后烫熟的，所以在料理的时候不用烫太久，以免失去弹性。

134 酸辣鱼皮

材料○

鱼皮……350克
竹笋……150克
胡萝卜……40克
蒜末……10克
姜丝……15克
红辣椒丝……10克

调味料○

乌醋……2大匙
盐……1/6小匙
糖……1大匙
香油……1大匙

做法○

1. 鱼皮洗净切段备用。
2. 竹笋及胡萝卜洗净，沥干后切丝备用。
3. 将笋丝及胡萝卜丝放入沸水中汆烫约1分钟后，捞起沥干盛入容器中。
4. 鱼皮放入沸水中汆烫约30秒后，捞起冲凉开水后沥干，放入做法3的容器中。
5. 再加入蒜末、姜丝、红辣椒丝及所有调味料混合拌匀即可。

135 葱油鱼皮

材料

葱……………………1根
鱼皮………………300克
胡萝卜……………60克

调味料

盐……………………1小匙
糖………………1/4小匙
鸡粉……………1/4小匙
白胡椒粉………1/4小匙

做法

1. 煮一锅滚沸的水，放入鱼皮汆烫一下，捞起洗净过冷水待凉，切丝备用。
2. 胡萝卜洗净去皮切丝；葱洗净切末，放入大碗中，备用。
3. 待做法1锅中的水再次煮至滚沸时，放入胡萝卜丝汆烫至熟，捞起过冷水待凉，备用。
4. 热锅，将色拉油烧热，冲入葱末中，再加入所有调味料拌匀成酱汁。
5. 将鱼皮丝、胡萝卜丝和酱汁一起拌匀即可。

Tips.料理小秘诀

鱼皮上若有残留鱼肉，一定要将鱼肉刮除，吃起来口感才会一致，鱼腥味才不会太重。若是使用干鱼皮，鱼皮泡发后一样要将鱼肉刮除喔！

136 沙拉鱼卵

材料

熟鱼卵……………100克
包心菜………………50克
小黄瓜片……………适量

调味料

沙拉酱……………1小包

做法

1. 热油锅(油量要能盖过鱼卵)，当油温烧热至约120℃时，放入熟鱼卵以小火慢炸，炸约3分钟至表皮略呈金黄色后，取出放凉。
2. 包心菜洗净后切成细丝，装盘垫底。
3. 把鱼卵切成厚约0.4厘米的薄片，铺于包心菜丝上，最后挤上沙拉酱，摆上小黄瓜片装饰即可。

Tips.料理小秘诀

鱼卵脆脆的口感受到许多人的喜爱，但是鱼卵因为较脆弱不好处理，所以在炸鱼卵时要特别注意，油温一定要够热，以免鱼卵一下锅就粘锅。而且炸鱼卵的时候一定要用小火慢炸，以免表面烧焦而不美味。

虾蟹类料理篇

一口咬下鲜甜的虾肉和饱满的蟹肉，满足感真是无法形容。虾蟹是海鲜大餐中绝对不会缺少的食材，因为相较于其他海鲜，虾蟹料理不仅多变，而且取材和烹调都很简单，新鲜的虾蟹只要水煮或清蒸就很美味了。

但除了水煮和清蒸外，还有什么方式也能烹调出虾蟹鲜甜的滋味？要怎样料理虾蟹才不会让肉质吃起来过老呢？想要知道答案，接下去看就对了。

虾蟹的挑选、处理诀窍大公开

想挑选新鲜的虾蟹又不知道该怎么辨识吗？鲜虾处理上还算简单，但许多人在料理螃蟹上可就遇到瓶颈了，究竟如何才能吃到干净新鲜的虾蟹料理呢？以下一一仔细教你。

◎鲜虾挑选规则

Step1

先看虾头，若是购买活虾的话，头应该完整，而已经冷藏或冷冻过的新鲜虾，头部应与身体紧连，此外如果头顶呈现黑点就表示已经不新鲜了。

Step2

再来看壳，新鲜的虾壳应该有光泽且与虾肉紧连，若已经呈现分离或快要壳肉分离，或虾壳软化，都是不新鲜的虾。

Step3

轻轻触摸虾身，新鲜虾的虾身不黏滑，按压时会有弹性，且虾壳完整没有残缺。

备忘录

虾仁通常都是商家将快失去鲜度的虾加工处理，因此基本上没有所谓新鲜度可言，建议购买新鲜带壳虾并自行处理，才能吃到最新鲜的虾仁。

◎尝鲜保存妙招

虾是相当容易腐坏的海鲜，如果希望可以保存较久一点，可以先把虾头给剥除，再将虾身的水分拭干放入冰箱冷藏或冷冻。虾仁则直接用保鲜盒密封后放进冰箱就可以了。不过还是建议尽快食用完比较好。

处理步骤

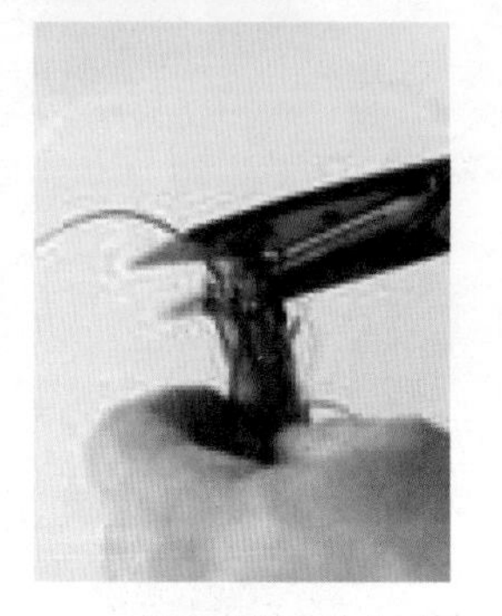

1 剪去鲜虾的长须和虾头的尖刺。

2 修剪鲜虾的脚，可留下部分。

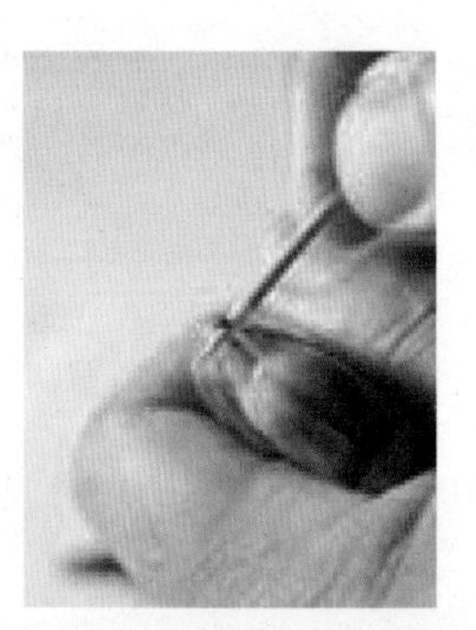

3 以竹签挑去鲜虾的肠泥。

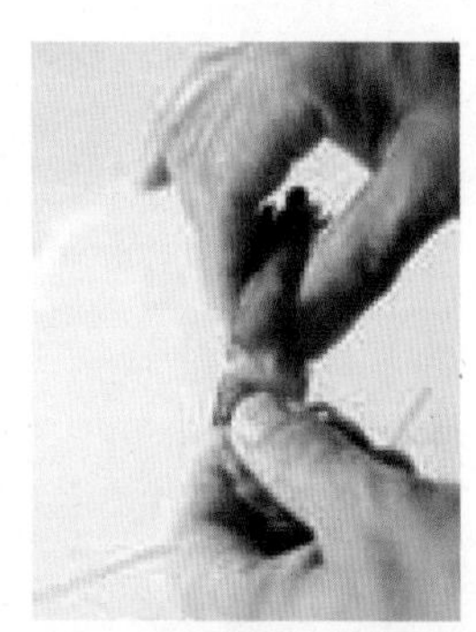

4 先轻轻地剥除鲜虾头。

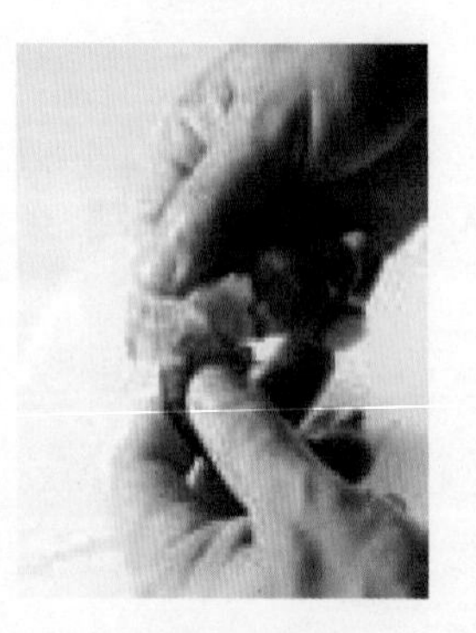

5 再分次剥除鲜虾身体的外壳。

6 以清水冲洗干净，并沥干水分。

◎挑选螃蟹秘诀

Step1

因为螃蟹腐坏的速度非常快，建议最好选购活的螃蟹较好。首先观察螃蟹眼睛是否明亮，如果是活的眼睛会正常转动，若是购买冷冻的，眼睛的颜色也要明亮有光泽。

Step2

观察蟹螯、蟹脚是否健全，若已经断落或是松脱残缺，表示螃蟹已经不新鲜了；另外背部的壳外观是否完整，也是判断新鲜的依据。

Step3

若是海蟹可以翻过来，观察腹部是否洁白，而河蟹跟海蟹都可以按压其腹部，新鲜螃蟹会有饱满扎实的触感。

◎尝鲜保存妙招

新鲜的螃蟹若买回来没有要立刻烹煮，建议可以放入保鲜盒中，喷洒少许的水分于螃蟹上，然后放入冰箱的下层中冷藏，就可以稍微延长螃蟹的寿命。建议温度在5～8℃。若买的不是活跳跳的螃蟹或是无法一次吃完，建议可以将蟹肉与壳分离，处理干净后再放入冰箱保存，等下次要烹煮时再拿出来使用即可。

处理步骤

1 从螃蟹嘴下开缝处将剪刀插入。

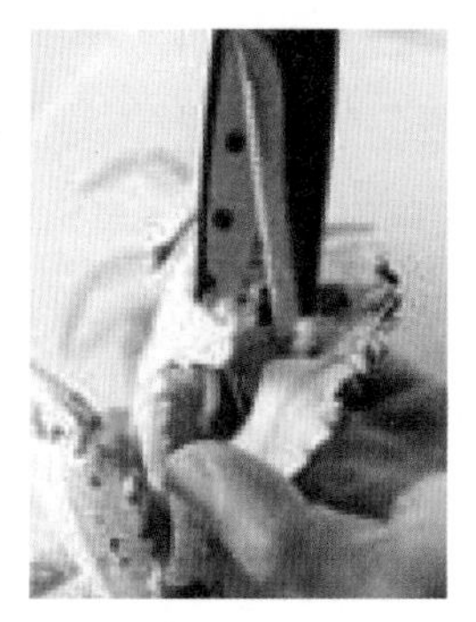

2 稍微用力将剪刀拉开，即可分开螃蟹壳。

3 剪除螃蟹的鳃，此为不可食用的部分。

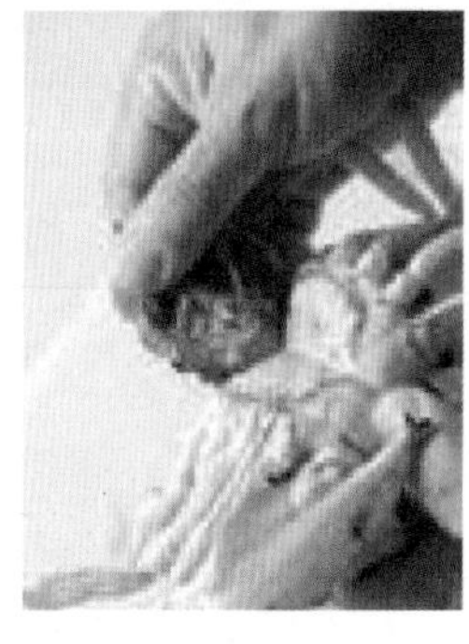

4 去除螃蟹的鳍，此为不可食用的部分。

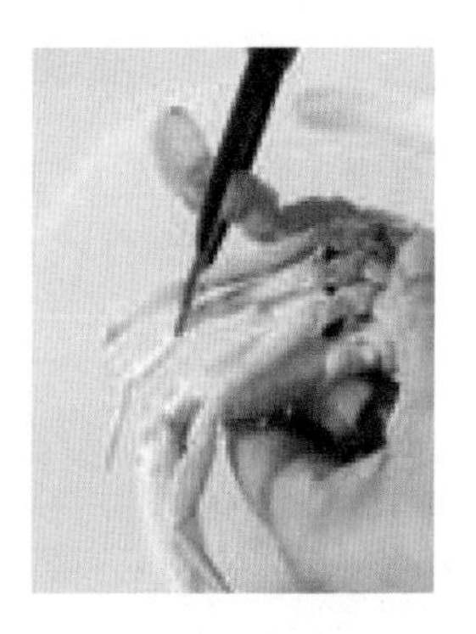

5 剪去螃蟹脚尖，以防食用时伤到口。

6 将螃蟹剁成大块状，蟹钳可用刀板轻拍，方便食用。

137 胡椒虾

材料

白虾……………………200克
蒜仁……………………2粒
红辣椒片………………少许
葱花……………………少许
面粉……………………适量

调味料

白胡椒粉……………1大匙
盐……………………1小匙
香油…………………1小匙

做法

1. 白虾洗净沥干后，先将尖头和长虾须修剪掉。
2. 将白虾拍上薄薄的面粉备用。
3. 将白虾放入油锅中略炸后捞起，另起锅，加入蒜仁、红辣椒仁和葱花爆香，再放入炸好的白虾和所有调味料一起翻炒均匀即可。

138 咸酥虾

材料

白刺虾……300克
葱末……适量
蒜末……适量
红辣椒末……适量

调味料

盐……1小匙
白胡椒粉……1/2小匙

做法

1. 白刺虾洗净剪去头须、脚、尾、刺，放入140℃油锅中炸熟，备用。
2. 热锅，加入适量色拉油，放入葱末、蒜末、红辣椒末炒香，再加入虾及所有调味料拌炒均匀即可。

Tips.料理小秘诀

虾带壳烹煮比较能维持虾肉的嫩度却不容易入味。若要利用虾壳的特性为料理加分，可以先以中低温油炸过，虾壳在油炸之后具有的香酥滋味，能让虾料理更美味。

139 胡麻油胡椒虾

材料

泰国虾……600克
老姜片……60克

调味料

A 胡麻油……80毫升
米酒……100毫升
水……100毫升
三色胡椒粒……适量
B 甘草粉……1/4小匙
白胡椒粉……1大匙
花椒粉……1/4小匙
细黑胡椒粉……1小匙
胡椒盐……2大匙

做法

1. 将泰国虾去须、足、尖刺后，以清水洗净备用。
2. 起一炒锅，倒入胡麻油与老姜片，以小火慢慢爆香至老姜片卷曲，再加入泰国虾与调味料B、米酒、水。
3. 盖上锅盖，以中火焖煮约1分钟后，开盖再以大火拌炒，炒至收汁，最后再以三色胡椒粒装饰即可。

140 蒜片椒麻虾

材料

蒜仁……6粒
花椒……2克
白刺虾……150克
葱花……少许

调味料

盐……1小匙
七味粉……1大匙
白胡椒粉……1小匙

做法

1. 白刺虾洗净剪除长须，放入油锅中炸熟，捞起沥干备用。
2. 蒜仁洗净切片，放入油锅中炸至金黄色，捞起沥干备用。
3. 锅中留少许油，放入花椒爆香，再放入白刺虾、蒜片及所有调味料拌炒均匀，最后撒上葱花即可。

141 奶油草虾

材料

草虾…… 200克（8只）
洋葱……15克
蒜仁……10克

调味料

奶油……2大匙
盐……1/4小匙

做法

1. 把草虾洗净，剪掉长须、尖刺及脚后，挑去肠泥，用剪刀从虾背剪开（深约至1/3处），沥干水分备用。
2. 洋葱及蒜仁洗净切碎，备用。
3. 取一油锅，热油温至约180℃，将草虾下油锅炸约30秒至表皮酥脆即可起锅沥油。
4. 另起一炒锅，热锅后加入奶油，以小火爆香洋葱末、蒜末，再加入草虾与盐，以大火快速翻炒均匀即可。

142 菠萝虾球

材料

菠萝片……………100克
虾仁………………350克
红薯粉………………适量
美乃滋………………适量

腌料

盐………………………少许
米酒……………1/2大匙
蛋清…………………1/2个
淀粉……………………少许

做法

1. 虾仁去除肠泥洗净沥干，加入所有腌料腌约10分钟。
2. 虾仁均匀沾上薄薄一层红薯粉备用。
3. 热锅，倒入稍多的油，待油温热至160℃，放入虾仁炸至表面金黄且熟，取出沥油备用。
4. 取盘摆上切小块的菠萝片，再放上虾仁，最后挤上美乃滋即可。

Tips.料理小秘诀

喜欢口味稍甜的，可以使用罐头菠萝片，而喜欢口感自然酸甜的，建议使用新鲜菠萝。

143 糖醋虾

材料

草虾……6只
青椒块……30克
红甜椒块……30克
黄甜椒块……30克
洋葱块……20克
淀粉……60克

调味料

番茄酱……120克
糖……10克
乌醋……20毫升
水……20毫升
柠檬汁……10毫升
草莓果酱……20克
盐……3克
水淀粉……适量

做法

1. 草虾洗净去壳，留头留尾，沾上一层薄薄的淀粉备用。
2. 取锅，加入300毫升的色拉油烧热至180℃，放入草虾炸至外观成酥脆状，捞起沥油备用。
3. 另取炒锅烧热，加入25毫升色拉油后，放入青椒块、红甜椒块、黄甜椒块和洋葱块翻炒，加入所有调味料（水淀粉先不加入）和炸过的草虾翻炒至入味。
4. 最后再加入水淀粉勾芡即可盛盘。

144 油爆大虾

材料

大草虾……250克
葱……10克
姜……10克
红辣椒……10克

调味料

水……50毫升
盐……1小匙
糖……1/2小匙
米酒……1大匙
香油……1小匙
白胡椒粉……1/2小匙

做法

1. 大草虾剪去须、脚，背部剖开但不切断，洗净备用。
2. 葱洗净切段；姜洗净切片；红辣椒洗净切片，备用。
3. 热锅倒入适量的油，放入葱段、姜片及红辣椒片爆香。
4. 加入大草虾及所有调味料拌炒均匀，再盖上锅盖稍焖至熟即可。

145 宫保虾仁

材料

虾仁……………250克
葱段……………适量
蒜片……………4片
干辣椒片…………20克

调味料

淡酱油……………1小匙
米酒……………1大匙
白胡椒粉…………1/2小匙
香油……………1小匙
花椒……………5克

腌料

盐……………1/2小匙
米酒……………1大匙
淀粉……………1大匙

做法

1. 虾仁去肠泥，洗净加入腌料抓匀，腌渍约10分钟后，放入120℃油锅中炸熟，备用。
2. 热锅，加入适量色拉油，放入葱段、蒜片、干辣椒片炒香，再加入虾仁与所有调味料拌炒均匀即可。

146 滑蛋虾仁

材料

鸡蛋……5个
虾仁……300克
葱末……20克
淀粉……少许

腌料

盐……少许
米酒……1小匙
淀粉……少许

调味料

盐……1/4小匙
鸡粉……1/4小匙
米酒……1小匙

做法

1. 虾仁去除肠泥洗净、沥干，加入所有腌料腌约10分钟，放入沸水中汆烫去腥，捞出备用。
2. 鸡蛋打散，加水与淀粉混匀，加入虾仁、葱末、所有调味料拌匀。
3. 热锅，放入2大匙油，倒入做法2的蛋液炒匀即可。

Tips.料理小秘诀

蛋液入锅最好立刻将上层未直接接触锅面的蛋液拌开，以免出现底部已经煎熟，上层还是生的状况，这样一盘蛋的口感就会不够均匀。

147 甜豆荚炒三鲜

材料

A 虾仁……70克
泡发鱿鱼片……70克
墨鱼片……80克
B 甜豆荚……120克
玉米笋片……40克
胡萝卜片……20克
C 葱段……15克
洋葱丝……20克
红辣椒片……10克
姜末……10克
蒜末……10克

调味料

盐……1/4小匙
糖……1/4小匙
米酒……1大匙
淡酱油……少许
乌醋……少许
水……少许

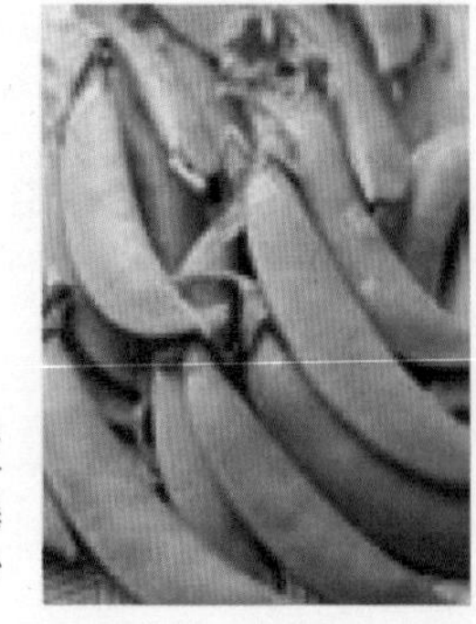

做法

1. 热锅，放入2大匙色拉油，加入所有材料C爆香，再放入材料B拌炒均匀。
2. 于锅中加入材料A、所有调味料炒至均匀入味即可。

148 腰果虾仁

材料

腰果50克、虾仁200克、青椒40克、黄甜椒40克、蒜末10克

调味料

酱油1/2小匙、盐少许、糖1小匙、白醋1/2小匙、淀粉1/2小匙、水1/2大匙

腌料

淀粉1小匙、盐少许、米酒1小匙、蛋清1/2大匙

做法

1. 虾仁去肠泥、洗净、沥干放入腌料腌约10分钟，放入油锅中过油捞出、沥油备用。
2. 青椒、黄甜椒洗净切片备用。
3. 所有调味料拌匀备用。
4. 热一锅，放入油、蒜末爆香后，放入青椒片、黄甜椒片略炒后，加入虾仁、淋入做法3的调味料拌炒入味，再放入腰果拌炒一下即可。

Tips.料理小秘诀

腰果是坚果类的一种，为腰果树的种子，因呈肾形所以叫做腰果，一般在宴席的大拼盘时会见到它或作为下酒菜。挑选腰果时，以整齐均匀、色白饱满、味香身干、含油量高者为上品，保存得宜者可放1年左右。

149 甜豆荚炒虾仁

材料

甜豆荚……200克
虾仁……150克
鲜香菇……2朵
蒜片……10克
葱段……10克
黄甜椒条……30克
红甜椒条……15克

腌料

盐……少许
米酒……1小匙
淀粉……少许

调味料

盐……1/4小匙
鸡粉……1/4小匙

做法

1. 虾仁洗净，加入所有腌料腌约10分钟，放入沸水中汆烫至变色，捞起沥干备用。
2. 鲜香菇洗净去蒂切片；甜豆荚洗净去粗筋，放入沸水中汆烫一下，备用。
3. 热锅，放入2大匙油，放入蒜片、葱段爆香，再放入鲜香菇炒香。
4. 加入黄甜椒条、红甜椒条、甜豆夹及50毫升的水炒约1分钟，再放入虾仁及所有调味料炒匀即可。

150 豆苗虾仁

材料o

大豆苗……400克
虾仁……200克
蒜末……1大匙
红辣椒……2个

调味料o

盐……1小匙
鸡粉……2小匙
米酒……1大匙
水……100毫升
香油……适量

做法o

1. 大豆苗洗净摘成约6厘米的段状，放入沸水中汆烫至软；红辣椒洗净切片，备用。
2. 虾仁洗净去肠泥，放入沸水中汆烫至熟透后捞出备用。
3. 热一锅倒入适量的油，放入蒜末、红辣椒片爆香。
4. 再加入所有调味料与大豆苗、虾仁，以大火快炒均匀即可。

151 白果芦笋虾仁

材料o

白果……65克
芦笋……200克
虾仁……150克
蒜片……10克
红辣椒片……10克

调味料o

盐……1/4小匙
糖……少许
鸡粉……1/4小匙
香油……少许

做法o

1. 虾仁洗净放入沸水中烫熟，沥干备用。
2. 芦笋洗净切段，放入沸水中汆烫一下即捞起，浸泡冰开水；白果洗净放入沸水中汆烫一下，沥干备用。
3. 热锅，倒入适量的油，放入蒜片、红辣椒片爆香，再放虾仁炒匀。
4. 加入芦笋段、白果及所有调味料炒至入味即可。

Tips.料理小秘诀

芦笋烫过后泡在冰开水中，可以防止其颜色快速变黄，也可以让口感更清脆。

152 丝瓜炒虾仁

材料

丝瓜……………………250克
虾仁……………………200克
葱…………………………1根
姜…………………………20克
橄榄油…………………1小匙

腌料

米酒……………………1小匙
白胡椒粉……………1/2小匙
淀粉…………………1/2小匙

调味料

盐……………………1/2小匙

做法

1. 虾仁洗净，加入腌料拌匀放置10分钟；丝瓜洗净去籽切条；青葱切段；姜洗净切细丝备用。
2. 将虾仁氽烫至变红后，捞起沥干备用，
3. 取锅放油后，爆香葱段、姜丝。
4. 放入丝瓜条拌炒后，加1/4杯水焖煮至软化。
5. 再放入虾仁拌炒，最后加入调味料拌匀即可盛盘。

153 蒜味鲜虾

材料

蒜末……………………20克
白虾……………………6只
西红柿…………………50克
香菜末…………………10克

调味料

盐…………………………适量
白胡椒粉………………适量

做法

1. 西红柿洗净，去籽切小丁备用。
2. 取炒锅烧热，加入适量色拉油，将白虾煎成外观变红色。
3. 续加入蒜末拌匀，加入西红柿丁翻炒后，再加入盐和白胡椒粉略翻炒后，放入香菜末即可盛盘。

Tips.料理小秘诀

虾也是相当容易腐坏的海鲜，如果希望可以保存较久一点，可以先把虾头给剥除，再将虾身的水分拭干放入冰箱冷藏或冷冻。虾仁则直接用保鲜盒密封后放进冰箱就可以了。不过还是建议尽快食用完比较好。

154 西红柿柠檬鲜虾

材料o

泰国虾……………300克
香菜……………………适量

腌料o

西红柿末………… 2大匙
柠檬汁 ……………1大匙
盐 …………………1/4小匙
橄榄油 ……………1小匙
蒜末………………1/4小匙
香菜末 …………1/4小匙
黑胡椒末………1/4小匙

做法o

1. 将全部的腌料混合均匀成西红柿柠檬腌酱备用。
2. 将泰国虾的背部划开，但不切断后洗净。
3. 将泰国虾加入西红柿柠檬腌酱中，腌约10分钟备用。
4. 热锅，倒入少许的油，放入泰国虾及西红柿柠檬腌酱以大火炒至虾熟透。
5. 将泰国虾盛盘，再撒上香菜即可。

155 锅巴虾仁

材料

虾仁50克、锅巴8片、猪肉片30克、竹笋片20克、胡萝卜片10克、甜豆荚40克、葱段20克、蒜末10克

调味料

番茄酱3大匙、高汤200毫升、盐1/4小匙、糖1大匙、香油1小匙、水淀粉2大匙

做法

1. 将猪肉片、虾仁及竹笋片洗净放入滚水中汆烫至熟，捞出沥干水分，备用。
2. 热一炒锅，加入2大匙色拉油，以小火爆香葱段、蒜末，接着加入虾仁、猪肉片、竹笋片及甜豆荚、胡萝卜片炒香，再加入高汤、番茄酱、盐及糖煮匀。
3. 待煮滚，续以小火煮约30秒钟，接着以水淀粉勾芡，再淋上香油即可装碗，备用。
4. 热一锅，加入约500毫升色拉油，热至约160℃，接着转小火，将锅巴放入锅中炸至酥脆，捞起放至盘中。
5. 将做法3的材料淋至锅巴上即可。

156 沙茶虾松

材料

虾仁……300克
荸荠……100克
油条……30克
生菜……80克
葱末……适量
姜末……20克
芹菜末……10克

腌料

盐……1小匙
白胡椒粉……1/2小匙
米酒……1大匙
蛋清……3个
香油……1小匙
淀粉……1大匙

调味料

沙茶酱……1大匙

做法

1. 虾仁洗净切小丁，加入腌料抓匀，腌渍约5分钟后，入油锅过油，再捞起备用。
2. 荸荠洗净去皮，切碎、压干水分，备用。
3. 热锅，加入适量色拉油，放入葱末、姜末、芹菜末炒香，再加入虾丁、荸荠碎与沙茶酱拌炒均匀，即为虾松。
4. 油条切碎、过油；生菜洗净，修剪成圆形片，备用。
5. 将生菜铺上油条碎，装入炒好的虾松即可。

157 酱爆虾

材料o

白虾……………300克
蒜末……………10克
红辣椒片…………15克
洋葱丝……………30克
葱段……………30克

调味料o

酱油……………1大匙
辣豆瓣酱…………1大匙
糖……………少许
米酒……………1大匙

做法o

1. 白虾洗净，剪去须和头尖；热锅，加入2大匙色拉油，放入白虾煎香后取出；葱段洗净分葱白和葱绿，备用。
2. 原锅放入蒜末、红辣椒片、洋葱丝和葱白爆香，再放入白虾和调味料，拌炒均匀后加入葱绿再炒匀即可。

Tips.料理小秘诀

因为将熟的虾先煎过会较香，所以只要在最后稍微拌炒一下，就可以起锅了，如果炒太久容易让虾太熟而不美味。

158 炸虾

材料o

A 草虾……………… 10只
B 低筋面粉……… 1/2杯
玉米粉………… 1/2杯

调味料o

鲣鱼酱油…………1大匙
味醂………………1小匙
高汤………………1大匙
萝卜泥……………1大匙

做法o

1. 将草虾头及壳剥除，保留尾部，洗净备用。
2. 将材料B调成粉浆备用；调味料调匀成蘸汁。
3. 将草虾腹部横划几刀，深至虾身的一半，不要切断，将虾摊直，并用手指将虾身挤压成长条后，再将草虾表面沾上一些干的低筋面粉备用。
4. 热一锅，放入适量的油，待油温烧热至约160℃后转小火，并用手捞一些粉浆洒入油锅中，让粉浆在锅中形成小颗的脆面粒。
5. 使用长筷子把浮在油锅表面的脆面粒集中在油锅边，转中火，为避免脆面粒过焦，须迅速地将草虾沾裹上粉浆后，放入锅中脆面粒的集中处炸，使草虾沾上脆面粒；待炸约半分钟至表皮呈金黄酥脆状时，再捞起沥干油分，装盘佐以蘸汁食用。

159 椒盐溪虾

材料o

- 溪虾……………………120克
- 葱……………………………2根
- 红辣椒……………………2个
- 蒜仁………………………15克

调味料o

- 白胡椒盐……………1小匙
- 七彩胡椒粒 ……1/4小匙

做法o

1. 把溪虾洗净、沥干水分，备用。
2. 葱洗净切花；红辣椒、蒜仁洗净切碎，备用。
3. 将溪虾放入油温至约180℃的油锅中，炸约30秒至表皮酥脆即可起锅沥油。
4. 另起一炒锅，热锅后加入少许色拉油，以小火爆香葱花、蒜末、红辣椒末，再加入溪虾并撒上白胡椒盐与磨好的七彩胡椒粒，以大火快速翻炒均匀即可。

160 粉丝炸白虾

材料o

- 粉丝…………………………1把
- 白虾………………………10只
- 鸡蛋液 ……………………1个
- 面粉………………………50克

调味料o

- 盐 ……………………………适量
- 白胡椒粉……………………适量

做法o

1. 将白虾洗净去壳和肠泥，在白虾腹部划数刀，以防止卷曲。
2. 粉丝用剪刀剪成约0.3厘米备用。
3. 在虾肉上，撒上盐和白胡椒粉，再依序沾上面粉、鸡蛋液和粉丝段备用。
4. 取锅，加入色拉油烧热至180℃，放入白虾炸约6分钟至外观呈金黄色，捞起沥油即可盛盘。

161 杏片虾球

材料

杏仁片100克、新鲜虾仁300克、肥绞肉泥30克、荸荠4粒、葱1根、姜末1/2小匙、蛋清1/3个、香菜根6克

调味料

盐1/2小匙、糖1/2小匙、米酒1小匙、香油1小匙、白胡椒粉少许

做法

1. 虾仁去肠泥洗净，用餐巾纸完全吸干水分，以刀背拍碎再剁成泥；荸荠洗净去皮，放入沸水中汆烫后切碎；葱、香菜根洗净切末，备用。
2. 将虾泥加入肥绞肉泥。
3. 虾泥加盐、蛋清拌匀，摔打至有黏稠感后，加入剩余调味料、荸荠碎、葱末、香菜根末及姜末拌匀。
4. 将虾泥捏成大小适中的丸子。
5. 杏仁片平铺盘中，将虾丸均匀地沾裹上杏仁片，并稍微压紧。
6. 热一锅，倒入约半锅的油烧热至约130℃，转小火将杏片虾球入锅中炸至呈金黄色后，起锅前转大火稍炸一下，再捞起沥油即可。

162 香辣樱花虾

材料

樱花虾干…………35克
芹菜…………110克
红辣椒…………2个
蒜仁…………20克

调味料

酱油…………1大匙
糖…………1小匙
鸡粉…………1/2小匙
米酒…………1大匙
香油…………1小匙

做法

1. 芹菜洗净后切小段；红辣椒及蒜仁洗净切碎，备用。
2. 起一炒锅，热锅后加入约2大匙色拉油，以小火爆香红辣椒末及蒜末后，加入樱花虾干，续以小火炒香。
3. 在锅中加入酱油、糖、鸡粉及米酒，转中火炒至略干后，加入芹菜段翻炒约10秒至芹菜略软，最后洒上香油即可。

163 三杯花蟹

材料o

花蟹…2只（约250克）
老姜片……50克
蒜仁……60克
红辣椒段……30克
葱段……50克
罗勒叶……20克
淀粉……50克

调味料o

胡麻油……25毫升
米酒……30毫升
酱油膏……25克
水……50毫升
酱油……15毫升
乌醋……15毫升
白胡椒粉……5克

做法o

1. 花蟹洗净切去尖脚，剥去外壳，洗净蟹钳的部分用刀板略拍，蟹壳内沾上淀粉。
2. 热锅，加入色拉油，放入花蟹，炸至外观呈金黄色，捞起沥油备用。
3. 另取炒锅烧热，加入胡麻油，放入老姜片、蒜仁、红辣椒段和葱段炒香。
4. 续加入米酒、酱油膏、水、酱油、乌醋和白胡椒粉煮滚后，再将炸过的花蟹放入锅中，煮至水分快收干，加入罗勒叶略翻炒即可盛盘。

164 芙蓉炒蟹

材料o

花蟹……………………1只（约240克）
洋葱……………………1/2个
葱………………………2根
姜………………………10克
鸡蛋……………………1个

调味料o

A 淀粉……………2大匙
B 水……………200毫升
盐……………1/4小匙
鸡粉……………1/4小匙
糖……………1/6小匙
料酒……………1大匙
C 水淀粉…………1小匙

做法o

1. 花蟹洗净去鳃后切小块；葱洗净切小段、洋葱及姜洗净切丝；鸡蛋打成蛋液，备用。
2. 取一油锅，热油温至约180℃，在花蟹块上撒一些干淀粉，不需全部沾满；下油锅炸约2分钟至表面酥脆即可起锅沥油。
3. 另起一锅，热锅后加入少许色拉油，以小火爆香葱段、洋葱丝、姜丝，再加入花蟹块与所有调味料B，以中火翻炒约1分钟后用水淀粉勾芡，再淋上蛋液略翻炒即可。

165 避风塘炒蟹

材料o

花蟹……………………1只（约220克）
蒜仁……………………100克
红葱头…………………30克
红辣椒…………………1个

调味料o

A 淀粉……………2大匙
B 盐……………1/2小匙
鸡粉……………1/2小匙
糖……………1/4小匙
料酒……………1大匙
红甜椒片…………适量

做法o

1. 花蟹洗净切小块；蒜仁、红葱头、红辣椒洗净切细末，备用。
2. 将蒜末及红葱头末放入油温约120℃的锅中，以中火慢炸约5分钟至略呈金黄色时，把花蟹块撒上一些干淀粉（不需全部沾满），一起下油锅炸约2分钟至表面酥脆，即可与蒜末一起捞出沥干油分。
3. 将油锅倒出油，不用洗锅，开火后加入红辣椒末略炒过，即可加入花蟹块与蒜末，再加入所有调味料B，以中火翻炒至水分收干且蟹干香即可。

166 咖喱炒蟹

材料o

花蟹……………………2只（约250克）
蒜末…………………30克
洋葱丝……………100克
葱段…………………80克
红辣椒丝…………30克
芹菜段……………120克
鸡蛋……………………1个
淀粉…………………60克

调味料o

咖喱粉……………30克
酱油……………20毫升
蚝油……………50毫升
市售高汤……200毫升
白胡椒粉…………适量

做法o

1. 花蟹洗净，切好后，在蟹钳的部分拍上适量的淀粉。
2. 热锅加入500毫升色拉油，以中火将花蟹炸至8分熟，外观呈金黄色，捞起沥油。
3. 取炒锅烧热，加入25毫升色拉油，放入蒜末、洋葱丝、葱段、红辣椒丝和芹菜段爆香。
4. 接着加入咖喱粉、酱油、蚝油、市售高汤和白胡椒粉，再放入花蟹炒匀，并以慢火焖烧至高汤快干。
5. 最后加入打散的鸡蛋液，以小火收干汤汁即可盛盘。

167 洋葱蚝油花蟹

材料

洋葱丝……100克
花蟹……2只
（约250克）
蒜末……30克
红辣椒段……30克

调味料

蚝油……80毫升
米酒……20毫升
高汤……100毫升
香油……10毫升

做法

1. 花蟹处理干净，切块后放入滚水中略汆烫备用。
2. 取炒锅烧热，加入色拉油，放入蒜末、洋葱丝和红辣椒段以大火快炒，再加入蚝油、米酒、高汤和花蟹块快炒均匀，起锅前淋入香油即可盛盘。

168 胡椒蟹脚

材料o

蟹脚……………………340克

调味料o

盐……………………1/4小匙
鸡粉…………………1/2小匙
蒜香粉………………1/2小匙
洋葱粉………………1/4小匙
三奈粉………………1/4小匙
百草粉………………1/6小匙
白胡椒粉……………1大匙
米酒…………………2大匙
水……………………100毫升

做法o

1. 把蟹脚洗净，用刀背将蟹脚壳拍裂，放入小砂锅中。
2. 将所有调味料加入小砂锅中，转中火煮至滚沸，待滚后不时翻动，续煮约3分钟，并加快翻动速度以防锅底烧焦。
3. 将锅中的材料再持续翻动约5分钟，至汤汁完全收干即可。

169 辣椒油炒蟹脚

材料o

蟹脚…………………300克
葱段…………………适量
红辣椒片……………适量
蒜片…………………适量
罗勒…………………10克

调味料o

辣椒油………………1大匙
酱油膏………………1大匙
沙茶酱………………1大匙
糖……………………1小匙
米酒…………………1大匙

做法o

1. 蟹脚洗净、拍破壳，放入滚水中汆烫，备用。
2. 热锅，加入适量色拉油，放入葱段、蒜片、红辣椒片炒香，再加入蟹脚及所有调味料拌炒均匀，起锅前加入洗净的罗勒快炒均匀即可。

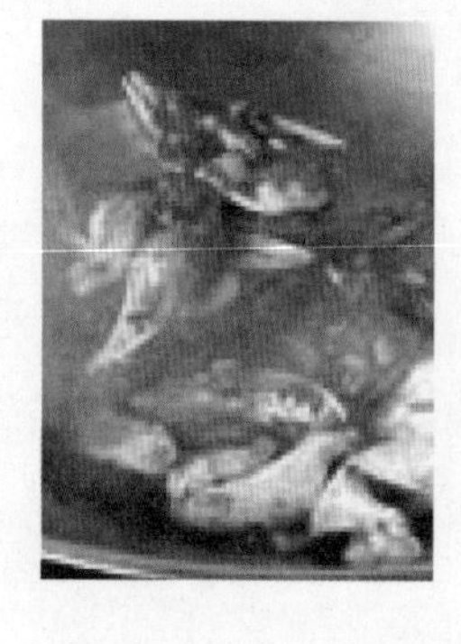

170 鲜菇炒蟹肉

材料o

鲜香菇……60克
蟹腿肉……100克
洋葱……50克
红辣椒……1个
青椒……1个
姜……10克
橄榄油……1小匙

调味料o

米酒……1大匙
酱油……1小匙
水……1大匙
糖……1/4小匙
盐……1/4小匙

做法o

1. 蟹腿肉洗净；鲜香菇洗净切片；洋葱洗净切片；红辣椒洗净去籽切条；青椒洗净切小段；姜洗净切片。
2. 将一锅水煮滚后加1/2小匙米酒（调味料分量之外），接着放入蟹腿肉烫熟，捞起冲冷水沥干备用。
3. 取一不粘锅放油后，爆香姜片、洋葱片。
4. 续放入鲜香菇片炒香后，加入蟹腿肉、红辣椒段、青椒段略炒，再加入调味料拌炒均匀即可。

171 泡菜炒蟹脚

材料o

韩式泡菜……200克
蟹脚……350克
洋葱……1/2个
红辣椒……1个
蒜仁……2粒
葱……1根
新鲜罗勒……2根

调味料o

香油……1小匙
盐……少许
白胡椒粉……少许

做法o

1. 蟹脚洗净，用刀拍打过备用。
2. 洋葱洗净切丝；红辣椒和蒜仁洗净切片；葱洗净切段；新鲜罗勒洗净备用。
3. 取锅，加入少许油烧热，放入做法2的材料（新鲜罗勒先不放入）爆香和蟹脚、韩式泡菜翻炒均匀后，加入调味料快炒，起锅前加入罗勒即可。

Tips.料理小秘诀

用韩式泡菜、适量的泡菜汁和蟹脚一同翻炒，可有效盖过冷冻蟹脚的腥味。

172 酱爆蟹腿肉

材料o

蟹腿肉1盒（约300克）、青椒片50克、红辣椒片20克、葱段20克、姜片10克、蒜片10克

调味料o

甜面酱1大匙、酱油1小匙、糖1小匙、米酒1小匙、水2大匙、淀粉1/2小匙

做法o

1. 取一锅装水煮滚，将解冻的蟹腿肉放入滚水中汆烫，并用筷子微微拨开相粘的蟹腿肉，水滚后捞起沥干，备用。
2. 取一小碗，放入甜面酱、糖、酱油搅拌均匀，再放入米酒和水拌匀，再放入淀粉拌匀，备用。
3. 另取锅，倒入适量的色拉油烧热；并将蟹腿肉放在漏勺上，均匀撒上淀粉（分量外）；重复撒粉动作2次，待油温热至110℃，放入裹好薄粉的蟹腿肉，炸至表面呈酥脆貌。
4. 续将装有蟹腿肉的油锅倒至放有青椒片的漏勺上，以高油温将青椒焓熟。
5. 锅中留下少许油，放入葱段、姜片、蒜片、红辣椒片，以小火略拌炒后，放入青椒和蟹腿肉，转大火，一边翻炒一边淋上做法2的调味酱，最后再淋上少许香油（材料外）即可盛盘。

173 夏威夷鲜笋炒蟹腿肉

材料o

芦笋……200克
蟹腿肉……120克
黄甜椒……50克
蒜仁……2粒
红辣椒……1个
夏威夷果……80克
橄榄油……1小匙

调味料o

米酒……1大匙
酱油……1大匙
水……2大匙
糖……1/4小匙
盐……1/4小匙

做法o

1. 芦笋洗净切段；黄甜椒洗净切片；蒜仁和红辣椒洗净切片备用。
2. 煮一锅水，将芦笋汆烫至8分熟后，捞起冲冷水沥干备用。续于滚水中，加入1/2小匙米酒（调味料分量外），放入蟹腿肉烫熟，捞起冲冷水沥干备用。
3. 取一不粘锅放油后，爆香蒜片、红辣椒片。
4. 续将调味料下锅煮滚后，放入黄甜椒片、芦笋段、蟹腿肉拌炒，起锅前加入夏威夷果拌匀即可。

174 金沙软壳蟹

材料○

软壳蟹……………………3只
咸蛋黄……………………4个
葱…………………………2根

调味料○

淀粉………………………1大匙
盐…………………………1/8小匙
鸡粉………………………1/4小匙

做法○

1. 把咸蛋黄放入蒸锅中蒸约4分钟至软，取出后，用刀辗成泥状；葱洗净切花备用。
2. 起一油锅，热油温至约180℃，将软壳蟹裹上干淀粉下锅（无需解冻及做任何处理），以大火慢炸约2分钟至略呈金黄色时，即可捞起沥干油。
3. 另起一炒锅，热锅后加入约3大匙色拉油，转小火将咸蛋黄泥入锅，再加入盐及鸡粉，用锅铲不停搅拌至蛋黄起泡且有香味后，加入软壳蟹，并加入葱花翻炒均匀即可。

175 月亮虾饼

材料

虾仁……………………300克
春卷皮…………………4张
姜末……………………30克
蒜末……………………30克
蛋清……………………1个
猪油……………………1大匙
淀粉……………………3大匙

调味料

鱼露……………………2小匙
糖………………………2小匙
鸡粉……………………1小匙
泰式梅酱………………1大匙

泰式梅酱

材料：

腌渍梅子（市售罐装）10颗、水200毫升、辣椒粉1小匙、番茄酱1大匙、鱼露1小匙、糖1大匙、水淀粉少许

做法：

（1）将梅子取出核，剥成泥状备用。

（2）将水倒入炒锅中加热煮沸，再加入梅肉、辣椒粉、番茄酱、鱼露、糖，煮滚后用水淀粉勾芡即可。

做法

1 虾仁洗净剁成泥状放入碗中（如图1），加进姜末、蒜末（如图2）、蛋清、猪油、鱼露（如图3）、糖、鸡粉与1大匙淀粉，用手捏和摔打，至虾泥呈稠状（如图4），分成2团备用。

2 取1张春卷皮摊开，抹上一团虾泥。用菜刀沾上少许色拉油，将虾泥拍打成平整状（如图5），再撒上一些淀粉。

3 取另1张春卷皮，盖上做法2的虾泥，再用菜刀拍平。并以菜刀尾端在青卷皮正反面刺出数个小洞（防止油炸时发涨变形），即成虾饼皮。

4 取一锅，倒入适量的油，以中火将油温烧至170℃，放入虾饼皮（如图6），以中火炸约2分钟，至饼皮呈金黄色捞出，将油沥干，切成三角状，蘸泰式梅酱食用即可。

176 海鲜煎饼

材料o

墨鱼……………………40克
虾仁……………………40克
牡蛎……………………40克
中筋面粉…………100克
玉米粉…………………30克
水………………150毫升
葱段……………………15克
韭菜段…………………20克
泡菜段……………120克

调味料o

盐……………………少许
糖………………1/4小匙
鸡粉…………………少许

Tips.料理小秘诀

泡菜带有水分，加入面糊前要先挤去汁液，这样加入已调匀的面糊中时，才不会影响到面糊的浓稠度，也可以避免水分太多稀释面糊，使其在煎制过程中就不容易成型，因此带有水分的食材要先挤去汁液。

做法o

1. 墨鱼洗净切片；虾仁洗净去肠泥；牡蛎洗净沥干，备用。
2. 中筋面粉、玉米粉过筛，再加入水一起搅拌均匀成糊状，静置约40分钟，再加入所有调味料及葱段、韭菜段、泡菜段、做法1的材料混合拌匀，即为韩式海鲜面糊，备用。
3. 取一平底锅加热，倒入适量色拉油，再加入韩式海鲜面糊，用小火煎至两面皆金黄熟透即可。

177 金钱虾饼

材料

虾仁……………………200克
肥膘……………………50克
竹笋……………………50克
香菜叶…………………适量
淀粉……………………适量
蛋清……………………1个发

调味料

淀粉……………1.5小匙
盐………………1/2小匙
香油……………1/4小匙
白胡椒粉………1/4小匙

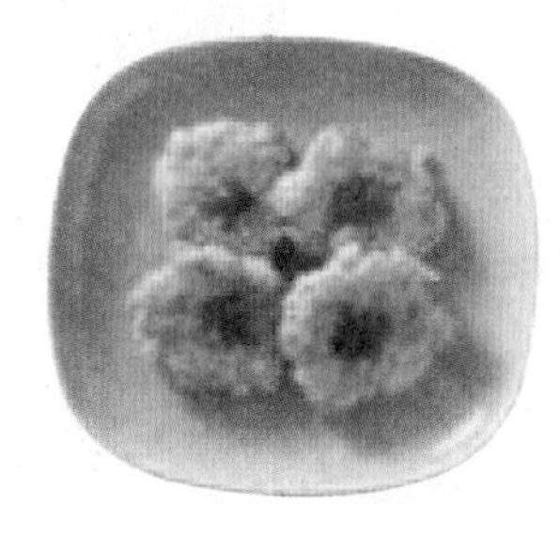

做法

1. 虾仁去泥肠，用少许盐（分量外）搓揉，再用水冲洗干净，并用厨房纸巾吸干水分，备用。
2. 肥膘洗净切小丁；竹笋洗净切小丁，汆烫约10分钟捞起，过凉水后沥干，备用。
3. 用刀背将虾仁拍成泥，并摔打约10下，再加入做法2的材料及所有调味料，搅拌均匀后再摔打4次。
4. 将虾泥做成直径约10厘米的圆形泥饼，上面贴1片香菜叶装饰，再沾少许淀粉，并沾上蛋清，即为金钱虾饼，备用。
5. 加热平底锅，倒入适量色拉油，放入金钱虾饼，以小火将两面各煎约3分钟，至金黄熟透即可。

178 绍兴醉虾

材料o

鲜虾……………300克
川芎………………5克
人参须……………5克
枸杞子……………5克
水……………400毫升
姜片………………适量
葱段………………适量
米酒………………适量

调味料o

绍兴酒………200毫升
盐……………1/2小匙

做法o

1. 将鲜虾剪去须、头尖，挑去肠泥后洗净。
2. 煮一锅水（分量外）至滚，先放入姜片、葱段和适量米酒（如图1），放入鲜虾汆烫（如图2）。
3. 鲜虾变红色后即转小火，再略烫后捞起（如图3）。
4. 将鲜虾放入冰水中冰镇至完全冷却，取出沥干水分。
5. 取一锅，加入川芎、人参须、枸杞子和水煮约5分钟（如图4），再加入调味料煮至滚沸后熄火待凉。
6. 取一保鲜盒，先将鲜虾放入，再倒入做法5的汤汁（如图5）。
7. 盖紧保鲜盒盖，移入冰箱冷藏约1天，待虾浸泡至入味即可食用。

Tips. 料理小秘诀

在汆烫鲜虾时，也可以在水中加入少许盐，如此煮出来的鲜虾肉质会较鲜甜美味。在汆烫时，记得在鲜虾开始变红之后就转成小火将其焖熟，如果一直用大火煮，肉质容易因为煮得过硬而变得不好吃了。

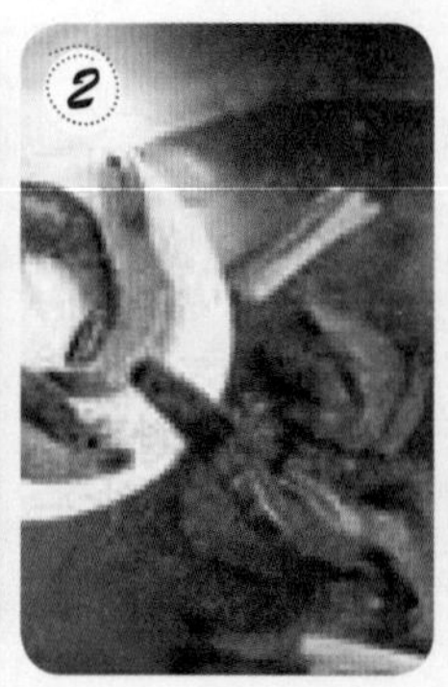

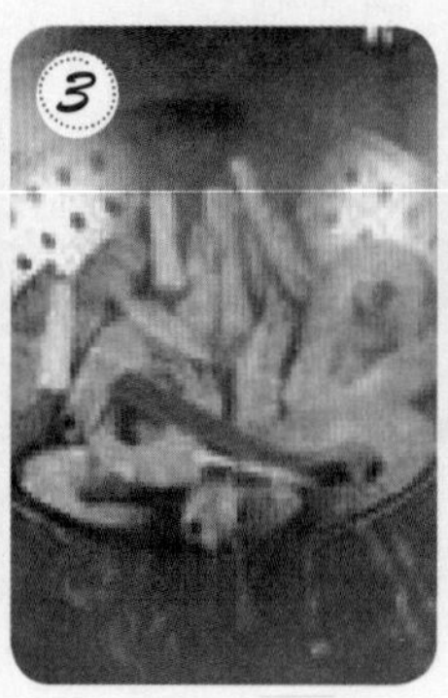

179 白灼虾

材料

活虾……300克
葱丝……20克
姜丝……10克
红辣椒丝……10克

调味料

冷开水……2大匙
酱油……1小匙
盐……1/4小匙
鸡粉……1/4小匙
鱼露……1/2小匙
香油……1/2小匙
白胡椒粉……少许

做法

1. 将所有调味料混合拌匀，再加入葱丝、姜丝、红辣椒丝成蘸料。
2. 煮一锅约1000毫升的开水，放入1/2小匙盐、适量葱段、姜片和少许油，以大火煮至滚。
3. 将活虾洗净放入锅内，煮至虾弯曲且虾肉紧实即可捞出盛盘，再搭配做法1的蘸料食用即可。

Tips.料理小秘诀

把虾烫熟其实也有诀窍，水里可先放入盐、葱段、姜片和少许油，煮滚后再烫虾，这样虾肉会更有味道。

180 胡麻油米酒虾

材料

白刺虾……150克
当归……1片
山药……2片
枸杞子……4克
姜……5克

调味料

水……100毫升
酱油……1小匙
米酒……300毫升
胡麻油……2大匙

做法

1. 姜洗净切片；当归、山药、枸杞子稍微洗净；白刺虾剪除长须、脚后洗净，备用。
2. 热锅倒入胡麻油，放入姜片炒香。
3. 加入白刺虾、当归、山药、枸杞子及其余调味料炒熟即可。

181 香葱鲜虾

材料o

香葱米酒酱…………适量
草虾……………………15只

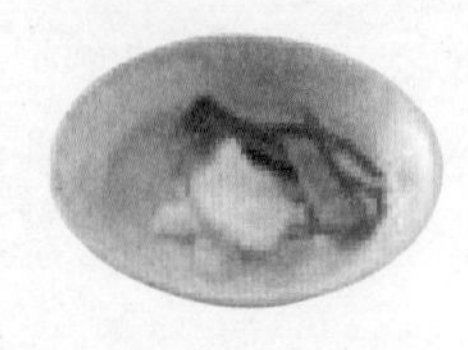

做法o

1. 首先将草虾剪去头尖、须后，洗净再将肠泥挑除，放入滚水中汆烫捞起备用。
2. 将草虾加入香葱米酒酱搅拌均匀。
3. 泡约20分钟即可食用。

• 香葱米酒酱 •

材料：
米酒100毫升、盐少许、白胡椒粉少许、姜5克、红辣椒1个、葱1根

做法：
（1）将姜切片、红辣椒切丝、葱切成段状备用。
（2）将做法1的材料和其余材料混合均匀即可。

182 酒酿香甜虾

材料o

鲜虾………………300克
葱花…………………30克
姜末…………………30克

调味料o

酒酿……………… 2大匙
米酒…………………1大匙
盐 ……………………1/2小匙
水 ……………… 300毫升

做法o

1. 鲜虾洗净挑去肠泥，剪去须及脚、尾刺，方便食用时不会被刺到。
2. 热锅，放入葱花、姜末炒香，加入所有调味料及鲜虾以小火煮至虾身变红即可。

Tips.料理小秘诀

天气冷时很多人会吃酒酿补身，而酒酿中的酒味和虾的味道很搭配，不用太多调味，做法超简单又滋补。

183 酸辣虾

材料

白刺虾……200克
泰国红辣椒……3个
青椒……2个
蒜仁……10克

调味料

柠檬汁……2大匙
白醋……1大匙
鱼露……1大匙
水……2大匙
糖……1/4小匙

做法

1. 将泰国红辣椒、青椒及蒜仁洗净分别剁碎；白刺虾洗净沥干，备用。
2. 热锅，加入少许色拉油，先将白刺虾加入锅中，两面略煎过后，盛出备用。
3. 另起一锅，热锅后加入少许色拉油，加入泰国红辣椒末、青椒末、蒜末略为炒过，再加入白刺虾及所有调味料，转中火烧至汤汁收干即可。

184 酸辣柠檬虾

材料o

白甜虾……………200克
红辣椒………………3个
青椒…………………2个
蒜仁………………10克

调味料o

柠檬汁…………… 2大匙
白醋………………1大匙
鱼露………………1大匙
水………………… 2大匙
糖………………1/4小匙

做法o

1. 将红辣椒、青椒及蒜仁分别洗净剁碎；白甜虾洗净、沥干水分，备用。
2. 热一锅，加入少许色拉油，先将白甜虾倒入锅中，两面略煎过，盛出备用。
3. 另热一锅，加入少许色拉油，放入红辣椒碎、青椒碎、蒜末略炒。
4. 再加入白甜虾及所有调味料，以中火烧至汤汁收干即完成。

Tips.料理小秘诀

柠檬汁最常与海鲜类食材一起搭配入菜，有了天然果酸的提味，能让海鲜的风味提升、口感鲜甜，又能去腥，真是一举数得的好帮手。

185 泰式酸辣海鲜

材料o

白虾………………10只
鲷鱼肉……………50克
鱿鱼肉……………80克
西红柿……………80克
青椒………………40克
洋葱………………60克
蒜片………………20克
柠檬汁…………… 2大匙
罗勒叶……………10克
水……………400毫升

调味料o

泰式酸辣汤酱…… 2大匙
糖…………………1小匙

做法o

1. 西红柿、青椒、洋葱洗净后，切小块，备用。
2. 热一锅，加入2大匙色拉油，以小火爆香蒜片与做法1的材料，接着加入水及泰式酸辣汤酱、糖，煮开后续煮约1分钟，再加入白虾、鲷鱼肉、鱿鱼肉，盖上锅盖，转中火煮开。
3. 续煮约2分钟后关火，再放入罗勒叶及柠檬汁拌匀即完成。

186 干烧明虾

材料○

明虾6只、葱2根、姜20克、酒酿20克

调味料○

辣豆瓣酱1小匙、番茄酱3大匙、白醋1大匙、米酒1大匙、糖1大匙、香油2大匙、水淀粉1小匙

做法○

1. 葱洗净切葱花与葱丝；姜洗净切末；明虾洗净剪掉头须和尾刺，以牙签挑去肠泥，备用。
2. 取油锅，倒入适量的色拉油，约中低油温时将明虾放入锅中半煎炸，摆好明虾后开大火，看到虾壳边缘呈微红色时，就可以翻面再煎。
3. 续放入部分葱花、姜末爆香，再放入辣豆瓣酱、番茄酱、白醋、酒酿、米酒、糖及淹至草虾一半的水量，干烧到汤汁略收干。
4. 最后放入水淀粉勾芡，加入香油、葱花再拌煮一下，就将明虾夹起装盘，放上葱丝，再淋上汤汁即完成。

Tips.料理小秘诀

* 想要让虾味更香甜的关键，就在酒酿。加入酒酿一起烹煮，能让料理的甜味提升。
* 通常餐厅会将明虾先炸再烹煮，但这里教大家用半煎炸的方式，既少用油也能先将虾的气味带出来。而这种半煎炸的虾因为不像放入炸锅中就会立刻定型，所以下锅油煎时要先把虾定型摆好，煎起来才会好看。

187 香油虾

材料○

白虾……8只
老姜……20克
米线……120克
枸杞子……少许

调味料○

香油……80毫升
米酒……200毫升
糖……20克
盐……5克

做法○

1. 白虾洗净；老姜洗净切片备用。
2. 米线放入滚水中烫熟，捞起盛入碗中。
3. 取炒锅，先放入香油煎香老姜片，再加入白虾和米酒，煮约3分钟，待酒气都散去后，再加入糖和盐煮至滚沸，最后倒入做法2盛面线的碗里，并放上枸杞子装饰即可。

188 辣咖喱椰浆虾

材料○

白虾……12只
蒜末……10克
罗勒末……10克
水……50毫升

调味料○

红咖喱酱……2大匙
椰浆……2大匙
盐……1/8小匙
糖……1/2小匙

做法○

1. 白虾洗净、沥干水分，备用。
2. 热一锅，加入少许色拉油，将白虾放入锅中煎香，再加入蒜末炒匀。
3. 在锅中加入水及红咖喱酱、椰浆、盐、糖，以中火煮约2分钟，再放入罗勒末，煮至汤汁略收干即完成。

Tips.料理小秘诀

红咖喱酱属于浓郁的泰式辣酱，风味辣、呛，味道浓烈，只要一点点就能辣翻一道菜，搭配海鲜也很适合，喜爱重口味香辣者一定要试试看。

189 虾仁杂菜煲

材料

虾仁……250克
大白菜……150克
南瓜……60克
西红柿……40克
黄甜椒……20克
葱段……20克
白果……20克
西蓝花……60克

调味料

盐……1小匙
糖……1小匙
香油……1大匙
高汤……500毫升

做法

1. 大白菜洗净切块；南瓜、西红柿、黄甜椒洗净切条；西蓝花洗净切小朵，备用。
2. 热锅，倒入适量的油，放入葱段爆香，加入所有的材料（虾仁除外）炒匀。
3. 加入所有调味料煮沸，加入虾仁再煮沸即可。

Tips.料理小秘诀

因为虾仁容易煮熟，因此不适合长时间炖煮，以免口感变差，最好等待其他材料炖煮到差不多熟了，再加入虾仁煮熟即可。

190 鲜虾粉丝煲

材料

草虾……10只
粉丝……1把
姜（切片）……3克
蒜仁（切片）……2粒
洋葱（切丝）……1/3个
红辣椒（切片）…1/2个
猪肉泥……50克
上海青……2棵

调味料

沙茶酱……2大匙
白胡椒粉……少许
盐……少许
面粉……10克
水……400毫升
糖……1小匙
白胡椒粉……少许

做法

1. 草虾洗净；粉丝泡入冷水中软化后沥干，备用。
2. 起一油锅，以中火烧至油温约190℃，将草虾裹上薄面粉后，放入油锅炸至外表呈金黄色时捞出沥油备用。
3. 另起一炒锅，倒入1大匙色拉油烧热，放入姜片、蒜片、洋葱丝、红辣椒片及猪肉泥以中火爆香后，加入其余调味料、粉丝、草虾和洗净的上海青，以中小火烩煮约8分钟即可。

191 鲜虾仁羹

材料

虾仁……250克
白菜……300克
香菇……2朵
蒜末……10克
红辣椒末……10克
姜末……10克
竹笋丝……100克
热水……350毫升
水淀粉……适量

调味料

米酒……1大匙
盐……1/3小匙
鸡粉……1/3小匙
蚝油……1/2大匙
乌醋……1/2大匙

做法

1. 虾仁处理完毕后，放入油锅中过油，至颜色变红后捞出，沥干油分备用。
2. 白菜洗净切片；香菇泡软切丝备用。
3. 取锅烧热后倒入2大匙油，蒜末、红辣椒末、姜末入锅爆香，放入白菜片、竹笋丝炒软。
4. 续加入虾仁拌炒，再加上米酒，倒入热水，煮滚后放入其余调味料拌匀。
5. 再煮至汤汁滚沸时，以水淀粉勾芡即可熄火。

192 虾仁羹

材料

虾仁羹肉……150克
麻笋……50克
黑木耳……30克
市售高汤……1200毫升
香菜……少许
香菇丝……适量

调味料

A 淀粉……2大匙
水……3大匙
B 盐……1/4小匙
糖……1/8小匙
C 蒜酥……5克
柴鱼片……10克
D 香油……适量
乌醋……适量
白胡椒粉……适量

做法

1. 麻笋洗净切丝；黑木耳洗净切丝烫熟；调味料A调成水淀粉备用。
2. 取一汤锅，倒入适量的市售高汤，加入麻笋丝、黑木耳丝、虾仁羹肉及调味料B拌匀煮滚。
3. 待汤汁滚沸后，放入蒜酥、柴鱼片、香菇丝拌匀。
4. 待汤汁再度微滚时转至小火，一边倒入水淀粉一用汤勺搅拌的方式勾芡成琉璃芡。
5. 放入香油，食用时加入适量白胡椒粉、乌醋提味，再撒上香菜即可。

193 洋葱鲜虾浓汤

材料

洋葱……………………3个（约500克）
虾仁…………………10只
法式面包……………2片
蒜末……………1/2小匙
面粉……………1.5大匙
水………………600毫升
干燥百里香……1/4小匙
帕玛森奶酪粉………适量
黑胡椒粉……………适量

调味料

盐……………………1小匙
鸡粉……………1/2小匙
糖……………………1小匙

做法

1. 洋葱洗净切丝，平铺在烤盘上，放入预热200℃的烤箱中，其间翻动2次，烤至微黄。
2. 锅烧热，倒入2大匙色拉油，放入蒜末和洋葱丝，以小火炒3分钟，加入糖再炒至呈浅棕色，再加入面粉炒匀。
3. 将水徐徐加入锅中并不断搅拌，加入百里香、盐和鸡粉煮10分钟，再盛入碗内。
4. 法式面包切丁，放入烤箱中烤脆，和烫熟的虾仁放入做法3的碗中，食用时再撒上适量的帕玛森奶酪粉及黑胡椒粉即可。

194 泰式酸辣汤

材料

鲜虾…………………12只
洋葱………………1/2个
口蘑…………………8朵
西红柿………………1个
香茅…………………3根
冷冻泰国柠檬叶……3片
新鲜柠檬汁………3大匙
高汤……………500毫升
柠檬叶……………少许

调味料

鱼露……………1.5大匙
糖…………………2小匙
泰国辣椒膏………1大匙

做法

1. 香茅留根部1/3段洗净拍破，其余2/3段丢弃不用。
2. 取汤锅倒入高汤，放入香茅段和柠檬叶，以小火煮5分钟。
3. 西红柿洗净切块，洋葱、口蘑洗净切小块，和烫熟的鲜虾一起放入锅中，加入所有调味料续煮3分钟。
4. 最后再加入柠檬汁即可。

195 五彩虾冻

材料○

虾仁……………………50克
青椒……………………适量
红甜椒…………………适量
黄甜椒…………………适量
荸荠丁…………………适量
黑木耳丁………………适量
蒟蒻粉…………………15克
水………………… 350毫升

调味料○

盐…………………1/4小匙
糖……………………少许
米酒…………………1小匙

做法○

1. 虾仁洗净汆烫熟。
2. 将青椒、红甜椒、黄甜椒洗净后去蒂和籽，再切成丁状。
3. 做法2的材料和荸荠丁、黑木耳丁放入滚水中略为汆烫后捞起，泡入冰水中再捞起沥干备用。
4. 取一锅，加入水煮滚，再放入蒟蒻粉、调味料，拌煮均匀后熄火。
5. 加入虾仁、做法3的材料，混合拌匀后装入模型中，待凉后放入冰箱冷藏即可。

196 黑麻油煎花蟹

材料o

中型花蟹……………2只
老姜片………………50克

调味料o

黑麻油………… 80毫升
米酒……………100毫升
水……………… 300毫升
鸡粉……………… 2小匙
糖…………………1/2小匙

做法o

1. 将中型花蟹开壳、去鳃及胃囊后，以清水冲洗干净（如图1），并剪去脚部尾端，（如图2）再切成6块备用。
2. 起一炒锅，倒入黑麻油与老姜片，以小火慢慢爆香至老姜片卷曲（如图3）。
3. 加入花蟹块（如图4），煎至上色后，续加入米酒、水、鸡粉、糖（如图5），盖上锅盖以中火煮约2分钟后开盖，再以大火把剩余的水分煮至收干即可。

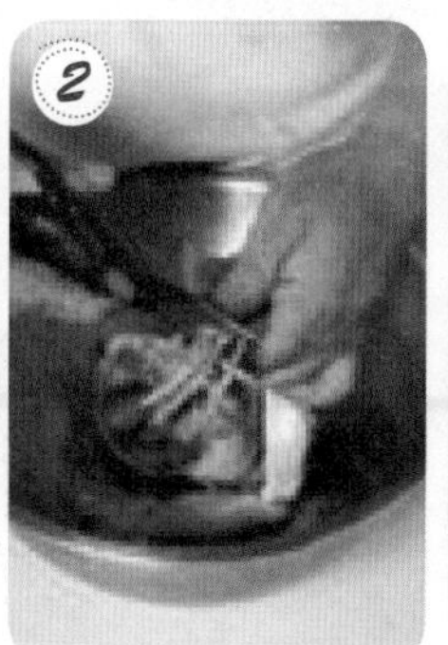

197 蟹肉烩芥菜

材料o

蟹脚肉……1盒
芥菜心……1个
姜片……2片
葱姜酒水……适量
（适量葱、姜、米酒一起煮沸）

调味料o

A 盐……1/2小匙
鸡粉……1/2小匙
米酒……1小匙
白胡椒粉……少许
B 香油……少许
高汤……1250毫升
水淀粉……适量

做法o

1. 芥菜心洗净切段，放入沸水中稍微汆烫一下，再放入市售高汤1000毫升中煮软，取出芥菜心段备用。
2. 蟹脚肉洗净，放入煮沸的葱姜酒水中汆烫去腥后，捞出备用。
3. 热一锅，放入1小匙的油，将姜片切丝后入锅中爆香，再加入米酒、高汤250毫升煮至沸腾，放入蟹脚肉、芥菜心段。
4. 待再次沸腾后，放入所有调味料A调味，并以水淀粉勾芡，起锅前淋上香油即可。

备注：可依个人喜好加入干贝丝，风味更佳。

198 蟹腿肉烩丝瓜

材料o

蟹腿肉……150克
丝瓜……300克
葱……20克
姜……10克
胡萝卜……40克

调味料o

盐……1/2小匙
鸡粉……1/2小匙
糖……1小匙
水……300毫升
水淀粉……1大匙

做法o

1. 丝瓜洗净去皮切条状；葱、姜、胡萝卜洗净（去皮）切片。
2. 热锅，爆香葱片、姜片，放入丝瓜条、蟹腿肉、胡萝卜片与所有调味料(水淀粉除外)一起煮至熟，起锅前放入水淀粉勾芡即可。

Tips.料理小秘诀

丝瓜最常见的就是与蛤蜊一起炒，其实与市售的蟹腿肉搭配，既不用等蛤蜊吐沙，炒熟时间也更快呢！

199 蟹黄豆腐

材料

- 蟹脚肉……………20克
- 蛋豆腐………………1盒
- 胡萝卜……………10克
- 葱……………………1根
- 姜…………………10克
- 水淀粉……………1小匙

调味料

- A 水……………50毫升
  - 糖………………1小匙
  - 盐……………1/2小匙
  - 蚝油……………1小匙
  - 绍兴酒…………1小匙
- B 香油……………1小匙

做法

1. 蛋豆腐洗净切小块；蟹腿肉洗净切末；胡萝卜洗净去皮切末；葱洗净切花；姜洗净切末，备用。
2. 热锅倒入适量的油，放入蛋豆腐煎至表面焦黄，取出备用。
3. 另热一锅，倒入适量的油，放入姜末爆香，再放入胡萝卜末、蟹腿肉末拌炒均匀。
4. 再加入调味料A及豆腐块，转小火盖上锅盖焖煮4～5分钟。
5. 加入水淀粉勾芡，最后加入香油及葱花即可。

200 醋味蟹螯

材料o

姜蒜醋味酱…………适量
蟹螯…………………400克
姜片……………………5克

做法o

1. 首先将蟹螯洗净敲开，与姜片一起放入滚水中氽烫约1分钟，捞起泡水冷却备用。
2. 将蟹螯块摆盘，食用时蘸姜蒜醋味酱即可。

Tips.料理小秘诀

水煮蟹螯搭配姜蒜醋味酱最适合，既能去腥也能提鲜。姜蒜醋的比例很重要，加入1大匙糖，味道会更好。

• 姜蒜醋味酱 •

材料：
蒜仁2粒、姜10克、白醋3大匙、糖1大匙
做法：
（1）将蒜仁与姜都切成碎状。
（2）将做法1的材料和其余材料混合即可。

201 咖喱螃蟹粉丝

材料o

螃蟹……………………1只（约230克）
粉丝…………………50克
洋葱…………………50克
蒜仁…………………30克
芹菜…………………40克

调味料o

咖喱粉……………2小匙
奶油………………2大匙
高汤……………300毫升
盐………………1/2小匙
鸡粉……………1/2小匙
糖………………1/2小匙
淀粉………………2大匙

做法o

1. 将螃蟹洗净去鳃后切小块；芹菜、洋葱洗净切丁；蒜仁洗净切碎；粉丝泡冷水20分钟，备用。
2. 起一油锅，热油温至约180℃，在螃蟹块上撒一些干淀粉，不需全部沾满，下油锅炸约2分钟至表面酥脆即可起锅沥油。
3. 另起一锅，热锅后加入奶油，以小火爆香洋葱丁、蒜末后，加入咖喱粉略炒香，再加入螃蟹块及高汤、盐、鸡粉、糖以中火煮滚。
4. 续煮约30秒后，加入粉丝同煮，等汤汁略收干后，撒上芹菜末略拌匀即可起锅装盘。

备注：高汤可用一般市售的原味高汤。

202 包心菜蟹肉羹

材料o

蟹脚肉……………200克
包心菜……………300克
金针菇……………30克
胡萝卜……………15克
蒜末……………10克
姜末……………10克
热水……………350毫升
水淀粉……………适量

调味料o

盐……………1/2小匙
鸡粉……………1/2小匙
糖……………1小匙
乌醋……………1/2大匙
白胡椒粉……………少许
香油……………少许

做法o

1. 将腌渍处理好的蟹脚肉，以沸水汆烫备用。
2. 包心菜洗净切块；金针菇洗净去蒂；胡萝卜洗净切丝备用。
3. 取锅烧热后倒入2大匙油，将蒜末、姜末爆香，再放入包心菜块、金针菇与胡萝卜丝炒软。
4. 续加入热水，再加入蟹脚肉与所有调味料，煮至汤汁滚沸时，以水淀粉勾芡即可。

203 蟹肉豆腐羹

材料o

蟹腿肉……………300克
盒装豆腐……………1/2盒
四季豆……………4根
鲜笋……………1/2根
胡萝卜……………50克
高汤……………500毫升
水淀粉……………1大匙

调味料o

盐……………1/2小匙
白胡椒粉……………1/2小匙
香油……………1小匙

做法o

1. 将胡萝卜、鲜笋洗净切成菱形片，四季豆洗净切丁，分别放入滚水中汆烫捞起；豆腐洗净切小块，备用。
2. 蟹腿肉洗净，放入滚水中泡3分钟后，捞出备用。
3. 取汤锅，倒入高汤煮滚，加入所有调味料及做法1、做法2的所有材料煮开，最后勾芡即可。

204 蟹肉豆腐煲

材料

蟹肉……200克
老豆腐……2块
口蘑……6朵
葱段……适量
蒜仁……2粒
姜片……15克

调味料

盐……1/4小匙
米酒……1小匙
高汤……400毫升

做法

1. 蟹肉解冻后，放入滚水中加入米酒、盐氽烫至熟；口蘑洗净放入沸水中烫熟，备用。
2. 豆腐洗净切长片，放入油温160℃的油锅中稍微炸过，即捞起沥干备用。
3. 热锅，放入2大匙色拉油，放入葱段、姜片、蒜仁爆香，再加入高汤煮至沸腾，加入豆腐片、口蘑、蟹肉煮沸后，再倒入砂锅中煮至入味即可。

205 花蟹粉丝煲

材料

小花蟹……450克
粉丝……100克
虾米……10克
香菇……20克
葱段……30克
洋葱……30克
芹菜……10克
胡萝卜……10克

调味料

水……600毫升
糖……2大匙
蚝油……1大匙
米酒……1大匙
沙茶酱……1大匙
豆腐乳……1大匙

做法

1. 小花蟹洗净剥壳去鳃；粉丝、虾米泡水至软；香菇泡水至软后切丝；洋葱洗净去皮切丝；芹菜洗净切段；胡萝卜洗净去皮切丝，备用。
2. 热锅，倒入适量的油，放入虾米、香菇丝、葱段及洋葱丝爆香。
3. 放入花蟹、芹菜段、胡萝卜丝炒匀，加入所有调味料煮沸后，捞起所有材料，留汤汁备用。
4. 将汤汁倒入砂锅中，放入粉丝炒至汤汁略收，放回所有捞起的材料拌匀即可。

206 木瓜味噌青蟹锅

材料

木瓜……………………300克
青蟹（约500克）··2只
菠菜……………………200克
葱花……………………30克

调味料

白味噌……………100克
糖……………………1大匙
味醂……………… 60毫升
香菇精……………1小匙
水……………1200毫升

做法

1. 青蟹剥壳去除腮后洗净，放入蒸锅中以大火蒸约18分钟，取出待凉后切块备用。
2. 木瓜洗净去皮、去籽，切适当大小的块状；菠菜洗净切段备用。
3. 取一砂锅，放入水与木瓜块煮至沸腾，加入其余调味料及青蟹块、菠菜段。
4. 以中火续煮至沸腾，立即熄火撒上葱花即可。

207 清蒸沙虾

材料

沙虾……………300克
蒜末……………10克
葱末……………10克
姜末……………5克

调味料

米酒……………1大匙
芥末……………少许
酱油……………1大匙

做法

1. 沙虾洗净剪去头部刺、须，挑掉肠泥备用。
2. 沙虾加入米酒拌匀，放入蒸笼蒸约7分钟。
3. 蒸笼中放入蒜末、葱末、姜末，再蒸约30秒取出。
4. 食用时蘸上以芥末、酱油调和的酱汁即可。

Tips.料理小秘诀

清蒸的海鲜若要好吃，食材一定要够新鲜，在挑选沙虾时，不妨先注意虾体的色泽。新鲜的沙虾体色透亮，可见虾肠，但若是冷冻解冻或是已经不太新鲜的沙虾则是虾体白浊，眼睛也较无光。

208 葱油蒸虾

材料

虾仁……120克
葱丝……30克
姜丝……15克
红辣椒丝……15克

调味料

蚝油……1小匙
酱油……1小匙
糖……1小匙
色拉油……2大匙
米酒……1小匙
水……2大匙

做法

1. 虾仁洗净后，排放盘上备用。
2. 将色拉油、葱丝、姜丝及红辣椒丝拌匀，加入其余调味料拌匀后，淋至虾仁上。
3. 电锅外锅加入1/2杯水，放入蒸架后将虾仁放置架上，盖上锅盖，按下开关，蒸至开关跳起即可。

209 当归虾

材料

当归……5克
枸杞子……8克
鲜虾……300克
姜片……15克
红枣……适量

调味料

盐……1/2小匙
米酒……1小匙
水……800毫升

做法

1. 鲜虾洗净、剪掉长须后，置于汤锅（或内锅）中，将当归、红枣、枸杞子、米酒与姜片、水一起放入汤锅（或内锅）中。
2. 电锅外锅加入1杯水，放入汤锅，盖上锅盖，按下开关，蒸至开关跳起。
3. 取出鲜虾后，再加入盐调味即可。

Tips.料理小秘诀

用微波炉料理也很美味，做法1至做法2同电锅做法；用保鲜膜封好留一点缝隙，放入微波炉中，以大火微波4分钟后取出，撕去保鲜膜，再加入盐调味即可。

210 盐水虾

材料o

草虾……………………20只
葱……………………………2根
姜…………………………25克

调味料o

盐…………………………1小匙
水………………………… 2大匙
米酒……………………1小匙

做法o

1. 草虾洗净剪掉长须置于盘中；葱洗净切成段；姜洗净切片，备用。
2. 将葱段与姜片铺于草虾上。
3. 所有调味料混合后淋至草虾上。
4. 放入电锅中，外锅加入1/2杯水，蒸至跳起后取出即可食用。

Tips.料理小秘诀

盐水虾的盐用量不需要太多，一点点盐就可将鲜虾的甜味引出来，就能吃到虾最原始的鲜甜。若不小心蒸太多吃不完也不需担心，因为本身的调味不会过重，所以还可以再另外炒过加热或剥壳做别的虾类料理也很适合。

211 蒜泥虾

材料o

蒜泥……………… 2大匙
草虾………………8只
葱花……………… 10克

调味料o

A 米酒……………1小匙
水…………………1大匙
B 酱油……………1大匙
开水………………1小匙
糖…………………1小匙

做法o

1. 草虾洗净、剪掉长须后，用刀在虾背由虾头直剖至虾尾处，但腹部不切断，且留下虾尾不摘除。
2. 将草虾肠泥去除洗净后，排放至盘子上备用。
3. 调味料B混合成酱汁备用。
4. 蒜泥与调味料A混合后，淋至草虾上，放入电锅中，外锅加入1/2杯水，蒸至跳起后取出，淋上酱汁，撒上葱花即可食用。

212 丝瓜蒸虾

材料o

丝瓜……………… 1条
虾仁……………… 100克
姜丝……………… 10克

调味料o

A 盐……………1/4小匙
糖………………1/2小匙
米酒……………1小匙
水………………1大匙
B 香油…………1小匙

做法o

1. 丝瓜用刀刮去表面粗皮，洗净后对剖成4瓣，切去带籽部分后，切成小段，排放盘上；虾仁洗净后，备用。
2. 将虾仁摆在丝瓜上，再将姜丝排放于虾仁上，调味料A调匀淋上后，用保鲜膜封好。
3. 电锅外锅加入1/2杯水，放入蒸架后，将虾放置架上，盖上锅盖，按下开关，蒸至开关跳起，取出后淋上香油即可。

213豆腐虾仁

材料o

豆腐……………………200克
虾仁……………………150克
葱花……………………20克
姜末……………………10克

调味料o

A 盐……………………1/4小匙
鸡粉……………………1/4小匙
糖……………………1/4小匙
B 淀粉……………………1大匙
香油……………………1大匙

做法o

1. 虾仁挑去肠泥、洗净沥干水分，用刀背拍成泥，加入葱花、姜末及调味料A搅拌均匀，再加入调味料B，拌匀后成虾浆，冷藏备用。
2. 豆腐切成厚约1厘米的长方块10块，平铺于盘上，表面撒上一层薄薄的淀粉（分量外）。
3. 将虾浆平均置于豆腐上，均匀地抹成小丘状，重复至材料用毕。
4. 电锅外锅加入1/2杯水，放入蒸架后，将豆腐整盘放置架上盖上锅盖，按下开关蒸至开关跳起即可。

Tips.料理小秘诀

此道菜用微波炉料理也很美味，做法1至做法3同电锅做法；在做好的豆腐上淋上60毫升的鸡高汤（材料外），封上保鲜膜，放入微波炉中以大火微波4分钟后取出，撕去保鲜膜即可。

214 枸杞子蒸鲜虾

材料

枸杞子……1大匙
草虾……200克
姜……10克
蒜仁……3粒
葱……1根

调味料

米酒……2大匙
盐……少许
白胡椒粉……少许
香油……1小匙

做法

1. 先将草虾洗净后，以剪刀剪去脚与须，再于背部划刀，去肠泥备用。
2. 把姜洗净切成丝状；蒜仁洗净切片；葱洗净切碎；枸杞子泡入水中至软备用。
3. 取一容器放入全部材料和调味料，搅拌均匀备用。
4. 取1个圆盘，将草虾排整齐，再加入做法3的所有材料，用耐热保鲜膜将盘口封起来。
5. 将做法4的盘子放入电锅中，于外锅加入1杯水，蒸约12分钟即可。

215 萝卜丝蒸虾

材料

白萝卜……50克
虾仁……150克
红辣椒……1个
葱……1根

调味料

A 蚝油……1小匙
酱油……1小匙
糖……1小匙
米酒……1小匙
水……1大匙
B 香油……1小匙

做法

1. 虾仁洗净后，排放盘上；白萝卜、葱、红辣椒洗净切丝，备用。
2. 将白萝卜丝与红辣椒丝，排放于虾仁上，再将调味料A调匀后淋上。
3. 电锅外锅加入1/2杯水，放入蒸架后，将虾仁放置架上，盖上锅盖，按下开关，蒸至开关跳起，取出将葱丝撒至虾仁上，再淋上香油即可。

Tips.料理小秘诀

用微波炉料理也很美味，做法1同电锅做法，再将白萝卜丝与红辣椒丝排放于虾仁上，再将调味料A加30毫升水（分量外）调匀淋上后，用保鲜膜封好，放入微波炉以大火微波3分钟，取出撒上葱丝、淋上香油即可。

216 酸辣蒸虾

材料

鲜虾……12只
红辣椒……4个
蒜仁……4粒
柠檬……1个

调味料

水……1大匙
鱼露……1大匙
糖……1/4小匙
米酒……1小匙

做法

1. 鲜虾洗净剪掉长须置于盘中，柠檬榨汁，红辣椒及蒜仁洗净一起切碎，与柠檬汁及所有调味料拌匀，淋至鲜虾上。
2. 将做法1的材料用保鲜膜封好。
3. 电锅外锅加入1/2杯水，放入蒸架后，将鲜虾放置架上，盖上锅盖，按下开关，蒸至开关跳起即可。

Tips.料理小秘诀

用微波炉料理也很美味，做法1至做法2同电锅做法；放入微波炉中，以大火微波3分钟后取出，撕去保鲜膜即可。

217 四味虾

材料

草虾300克、姜片2片、米酒1大匙、热开水1/2杯、四色调味酱适量

做法

1. 草虾挑去肠泥，剪去须脚后洗净，用剪刀从虾背剪开，再用姜片、米酒浸泡约10分钟后取出，放入碗中备用。
2. 电锅外锅加1/2杯热开水，按下开关，盖上锅盖，待水蒸气冒出后，才掀盖将虾连碗移入电锅中，蒸5分钟取出，食用前再依个人喜好蘸取四色调味酱即可。

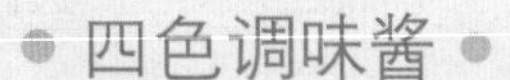

四色调味酱

这个四色调味酱是让一虾四吃的另类做法，调制起来并不困难，将个别所含的材料搅拌均匀即可。

姜醋酱：水果醋1/2大匙、糖1/2大匙、姜汁1/2大匙、香油1小匙、酱油1/2小匙

芥末酱：酱油1小匙、芥末1大匙、香油1小匙、白醋1/2小匙

五味酱：番茄酱1大匙、蒜末1小匙、甜辣酱1小匙、白醋1/2小匙、鱼露2滴、糖1小匙、酱油1小匙、红辣椒末1小匙

蚝油蒜味酱：蒜末1/2大匙、蚝油1大匙、香油1小匙、市售高汤1小匙

218 鲜虾蒸嫩蛋

材料o

虾仁……………………6只
鸡蛋……………………3个
干香菇………………3朵

装饰材料o

葱末……………………适量
豆苗……………………3根

调味料o

鸡粉…………………1小匙
水……………… 300毫升
盐………………………适量
白胡椒粉……………适量

做法o

1. 虾仁洗净；干香菇泡水至软切片；鸡蛋均匀打散倒入容器中，加入所有的调味料拌匀。
2. 将蛋液以筛网过筛后倒入小碗中（如图1），并将香菇片放入。
3. 盖上保鲜膜放入电锅中（如图2）（外锅加1杯水）蒸至半熟。
4. 接着撕开保鲜膜，放上虾仁后再盖上保鲜膜（如图3），放回电锅（外锅加1/2杯水）蒸至开关跳起，取出撒上葱末和豆苗装饰即可。

Tips.料理小秘诀

将打匀的蛋液，以细网过筛，可消除蛋液中多余的空气，让蒸出来的蛋外观美观，口感也更滑顺。

219 鲜虾蛋皮卷

材料

虾仁……50克
去皮荸荠……2粒
葱……1根
蒜仁……1粒
蛋黄……3个
蛋清……1个

调味料

蛋清……1个
盐……少许
白胡椒粉……少许
香油……1小匙

做法

1. 将材料中的蛋黄和蛋清混合拌匀后，倒入平底锅中煎成3张蛋皮。
2. 虾仁洗净，再将虾仁切成碎末状；去皮荸荠、葱、蒜头洗净切成碎末状备用。
3. 取1个容器，加入做法2的所有材料，和所有调味料混合搅拌均匀。
4. 取出1张蛋皮，加入适量做法3的馅料包卷起来，再于蛋皮外包裹上一层保鲜膜，重覆上述步骤至材料用毕。
5. 做法4的材料放入电锅中，外锅加入1杯水，蒸至开关跳起，取出撕除保鲜膜后，切片盛盘即可。

220 包心菜虾卷

材料

包心菜……1个
虾仁……150克
葱花……20克
姜末……10克

调味料

A 盐……1/4小匙
鸡粉……1/4小匙
糖……1/4小匙
B 淀粉……1大匙
香油……1大匙

做法

1. 包心菜挖去心后，将叶一片一片取下，尽量保持完整不要弄破，取下约6片后，洗净，用沸水汆烫约1分钟，再取出浸泡冷水。
2. 将包心菜叶沥干水分，用刀背将较硬的叶茎处拍破，便于弯曲备用。
3. 虾仁挑去肠泥洗净、沥干水分，用刀背拍成泥备用。
4. 虾泥中加入葱花、姜末及调味料A搅拌均匀，再加入淀粉及香油拌匀后成虾浆，冷藏备用。
5. 将包心菜叶摊开，将虾浆平均置于叶片1/3处，卷成长筒状后排放于盘子上，重复此做法至材料用毕。
6. 电锅外锅加入1杯水，放入蒸架后，将做法5的包心菜卷整盘放置架上，盖上锅盖，按下开关，蒸至开关跳起即可。

221 香菇镶虾浆

材料

鲜香菇……10朵
虾仁……150克
葱花……20克
姜末……10克

调味料

A 盐……1/4小匙
鸡粉……1/4小匙
糖……1/4小匙
B 淀粉……1大匙
香油……1大匙

做法

1. 虾仁挑去肠泥、洗净、沥干水分，用刀背拍成泥，加入葱花、姜末及调味料A搅拌均匀，再加入淀粉及香油，拌匀后成虾浆，冷藏备用。
2. 鲜香菇泡水约5分钟后，挤干水分，平铺于盘上底部向上，再撒上一层薄薄的淀粉（分量外）。
3. 将虾浆平均置于鲜香菇上，均匀地抹成小丘状，重复此做法至材料用毕。
4. 电锅外锅加入1/2杯水，放入蒸架后，将香菇整盘放置架上，盖上锅盖，按下开关，蒸至开关跳起即可。

Tips.料理小秘诀

喜欢鲜虾煮熟后脆脆口感的读者，可以不要将虾拍得太碎，以免失去口感。另外虽然干香菇的香气充足，但是因为这里是用蒸的做法，所以建议用肉厚的鲜香菇较适合，价格也比干香菇便宜。

222 鲜虾山药球

材料o

虾300克、山药200克、玉米粉1小匙、面包粉1大匙、米酒少许、淀粉少许、热开水1杯

调味料o

盐1小匙、鸡粉1/2小匙

做法o

1. 取虾6只去壳但保留尾部，洗净挑去肠泥，再以纸巾吸去多余的水分，最后以米酒及淀粉稍微抓一下后，取出沥干；其余虾全部去壳，并挑去肠泥后，剁成泥状备用。
2. 山药削去外皮，洗净后剁成泥状，放入盘中备用。
3. 电锅外锅加入1/2杯热开水，按下开关，盖上锅盖，待水蒸气冒出后，才掀盖连盘将山药泥放入电锅中，蒸5分钟后取出备用。
4. 将虾泥、山药泥及所有调味料一起拌匀，再拌入玉米粉及面包粉，最后捏成6颗球状并摆盘，再放上做法1的完整虾备用。
5. 倒掉电锅外锅的水，再加1/2杯热开水于外锅中，按下开关，盖上锅盖，待水蒸气冒出后，才掀盖连盘将做法4的材料放入电锅内蒸5分钟即可。

223 樱花虾米糕

材料o

樱花虾干…………2大匙
长糯米…1杯（120克）
米酒……………………1大匙
葱碎……………………1小匙
香菜碎…………………适量

调味料o

香油……………………1小匙
酱油……………………1小匙
糖………………………1小匙
干香菇…………………3朵
盐………………………少许
白胡椒粉………………少许

做法o

1. 将长糯米洗净，浸泡约30分钟，再滤干水分备用。
2. 干香菇泡水至软，再切成片状备用。
3. 将浸泡好的长糯米放入蒸笼中，以大火蒸约20分钟至熟，再取出备用。
4. 起1个炒锅，加入香油和干香菇以中火爆香，再加入蒸好的糯米和其余的调味料轻轻拌匀，最后再放入樱花虾干和米酒翻炒均匀。
5. 再将做法4的米糕放入蒸笼中，以中火蒸5分钟，放上葱碎和香菜碎装饰即可。

224 焗烤大虾

材料○

草虾……………………4只
奶酪丝………………适量
巴西里碎……………适量

调味料○

奶油白酱………… 2大匙
（做法请见P.80）
蛋黄…………………… 1个

做法○

1. 调味料混合拌匀备用。
2. 草虾洗净沥干，剪去虾头最前端处，从背部纵向剪开（不要完全剪断），去肠泥，排入盘中，淋上做法1的调味料、撒上适量的奶酪丝。
3. 放入预热烤箱中，以上火250℃ / 下火150℃烤约5分钟至表面呈金黄色泽。
4. 取出后撒上适量的巴西里碎即可。

225 焗烤奶油小龙虾

材料o

小龙虾……………………2只
蒜仁………………………2粒
葱…………………………2根
奶酪丝…………………35克
巴西里…………………适量

调味料o

奶油……………………1大匙
盐…………………………少许
白胡椒粉………………少许

做法o

1. 先将小龙虾纵向剖开成2等份，洗净备用。
2. 蒜仁切末；葱和巴西里洗净后切碎末状备用。
3. 将蒜仁和葱碎放入小龙虾的肉身上，再放入混合拌匀的调味料，撒上奶酪丝，排放入烤盘中。
4. 放入200℃的烤箱中烤约10分钟取出盛盘，再撒上巴西里碎即可。

Tips.料理小秘诀

带壳的鲜虾在烹调的过程中比较不容易缩水，但也较不易熟和入味，在做这类焗烤料理的时候要记得将虾壳剖开，这样不仅在烤的时候能让调味料与虾肉结合，虾肉也较易熟。

226 盐烤虾

材料o

鲜虾…………………300克
葱段…………………10克
姜片…………………5克

调味料o

盐 …………………3大匙
米酒…………………1大匙

做法o

1. 鲜虾洗净去须、头尾尖刺，沥干水分。
2. 将鲜虾、葱段、姜片、米酒拌匀腌约10分钟备用。
3. 将鲜虾用竹签串好，撒上盐，放入已预热的烤箱，以200℃烤约10分钟即可。

Tips.料理小秘诀

鲜虾插入竹签的用意，是避免虾烤熟后卷起。

227 咖喱烤鲜虾

材料o

白虾…………………300克

腌料o

咖喱粉 ……………1大匙
酱油………………1/2小匙
糖 …………………1/4小匙
白胡椒 …………1/4小匙

做法o

1. 白虾洗净、剪去头须，剖开背部、去肠泥，备用。
2. 将白虾加入所有腌料，拌匀腌渍约10分钟，备用。
3. 烤箱预热至180℃，放入虾烤约5分钟至干香即可取出。

228 玉米酱烤明虾

材料o

玉米酱 ……………1大匙
明虾……………………2只

调味料o

白酒…………………1小匙
盐 …………………1/2小匙
胡椒粉 ………………适量

做法o

1. 将明虾洗净，剪去头部、须脚，由背部切开不切断去肠泥，并用刀切断腹部白筋，用所有腌料腌10分钟备用。
2. 烤箱预热至220℃，将明虾放在铝箔纸上，入烤箱先烤1分钟再涂玉米酱烤约8分钟，期间不断在明虾切开的背部涂上玉米酱，至烤熟即可。

Tips.料理小秘诀

先用刀切断明虾腹部的白筋，以免烤的时候虾缩卷起来。明虾剖开的背部要够深，烤时不断涂抹玉米酱，像是明虾夹入玉米馅一样。

229 清蒸花蟹

材料o

花蟹……………………2只（约250克）
姜片…………………60克
葱段…………………50克
米酒……………… 30毫升
水 ……………… 300毫升
姜丝……………………适量

调味料o

白醋……………… 60毫升

做法o

1. 将花蟹外壳和蟹钳洗干净。
2. 取一锅，锅中加入姜片、葱段、米酒和水，再放上蒸架，将水煮至滚沸。
3. 待水滚沸后，放上花蟹，蒸约15分钟。
4. 将白醋和姜丝混合，食用花蟹时蘸取即可。

Tips.料理小秘诀

食材若是够新鲜，用清蒸的方式料理最简单方便且最能吃到食材的原味。但料理螃蟹时要特别注意食用前要将鳃及内脏处理干净，除了内脏不宜食用外，若是没有将内脏去除干净再食用容易有腥臭味，影响蟹肉本身的鲜美味道。

230 青蟹米糕

材料○

青蟹……………………1只
糯米………………300克
虾米…………………1大匙
泡发香菇丝 ………50克
红葱头 ……………50克
水 ………………100毫升
姜片……………………3片
葱段…………………适量

调味料○

五香粉 …………1/2小匙
酱油…………………1小匙
盐 ………………1/2小匙
鸡粉……………1/2小匙
糖 …………………1小匙
白胡椒粉…………1小匙
香油…………………1小匙

做法○

1. 糯米泡水2小时后洗净沥干；红葱头洗净切片。
2. 取一锅，倒入2大匙色拉油加热，放入红葱头片，以小火炸至红葱头片呈金黄色后熄火，倒出过滤油（红葱酥和红葱油皆保留）。
3. 取一蒸笼，铺上纱布，放入糯米，以中火蒸约15分钟。
4. 取一锅，倒入红葱油、虾米和泡发香菇丝，以小火炒约3分钟后加入所有调味料、水和红葱酥拌炒均匀，煮约5分钟。
5. 将蒸好的糯米放入做法4的材料中拌匀，盛入盘中（如图1）。
6. 将青蟹处理干净，与姜片、葱段一起摆入蒸盘中（如图2），以中火蒸约8分钟后取出；将蒸熟的青蟹切成小块状，再连同汤汁一起放至做法5的材料上，放入蒸笼，以中火再蒸5分钟即可。

231 奶油烤螃蟹

材料

螃蟹……1只
洋葱丝……20克
葱段……10克

调味料

米酒……1大匙
盐……1/4小匙
奶油……1大匙

做法

1. 螃蟹处理干净后洗净、切大块，备用。
2. 将铝箔纸铺平，先放上葱段、洋葱丝，再摆上螃蟹块、所有调味料后包起，备用。
3. 烤箱预热至180℃，放入做法2的铝箔包烤约15分钟后取出即可。

Tips.料理小秘诀

雄蟹秋季较肥美，雌蟹则是冬季较好吃，也可只单买肉质较多的蟹脚。通常可加上洋葱、葱段一起烤，以达到去腥的妙用。

232 焗烤咖喱蟹

材料o

螃蟹……2只
盐……少许
面粉……适量
橄榄油……1大匙
洋葱丝……适量
红甜椒丝……适量

调味料o

咖喱酱……4大匙
高汤……200毫升
奶酪丝……100克

做法o

1. 螃蟹处理干净再洗净切块，在表面撒盐后裹一层面粉备用。
2. 起油锅，将螃蟹块放入160℃的油锅中，以小火炸熟后捞起沥油备用。
3. 取一平底锅，放入橄榄油烧热后，加入洋葱丝、红甜椒丝以小火炒软。
4. 将螃蟹块、咖喱酱、高汤，分别倒入锅中略拌炒过后，倒入烤盘中，再撒上一层奶酪丝，即为半成品的焗烤咖喱蟹。
5. 预热烤箱至180℃，将半成品的焗烤咖喱蟹放入烤箱中，烤10~15分钟至表面呈金黄色即可。

233 啤酒烤花蟹

材料o

啤酒……200毫升
花蟹……2只（约250克）
洋葱丝……60克
葱段……30克

调味料o

奶油……30克
盐……5克
白胡椒粉……3克

做法o

1. 花蟹洗净处理好鳃及内脏后备用。
2. 烤箱以200℃预热5分钟。
3. 取一锡箔盘，用洋葱丝、葱段铺底，再放入花蟹。
4. 续淋入啤酒，放入奶油、盐和白胡椒粉调味，然后将锡箔盘以锡箔纸包紧，再放入预热好的烤箱中，以200℃烤约25分钟即可。

234 豆乳酱虾仁

材料○

草虾……………………6只
淀粉……………………10克

面糊材料○

低筋面粉……………60克
糯米粉………………30克
水………………120毫升
盐……………………3克

调味料○

豆腐乳………………40克
美乃滋………………50克
米酒……………10毫升
糖……………………10克
水………………10毫升
花生碎………………10克

做法○

1. 将面糊材料混合拌匀备用。
2. 草虾去壳留尾后，洗净后先沾淀粉，再裹上做法1的面糊，放入热油锅中炸熟，捞起沥油盛盘备用。
3. 将调味料（花生碎先不加入）全部混合拌匀成酱汁后，淋入炸好的草虾中拌匀，再撒上花生碎即可。

Tips.料理小秘诀

虾仁虽然食用方便，但常常因为经过高温加热后缩水缩至体积变小。如果想要虾仁不过度缩水，可以在油炸前于虾仁的背部先划刀再沾裹面糊，如此就可以避免虾仁烹煮后过度缩水了。

235 梅酱芦笋虾

材料o

芦笋……………………220克
草虾……………………10只
姜………………………5克
红辣椒末………………少许

调味料o

紫苏梅（连同汁液）
……………………………3个
糖……………………2小匙
凉开水………………1小匙
盐……………………1/6小匙

做法o

1. 芦笋洗净切去接近根部较老的部分，放入滚水中汆烫约10秒即捞起，再放入冰水浸泡变凉后装盘。
2. 草虾洗净放入滚水中汆烫约20秒后，捞起剥去壳，排放至芦笋上。
3. 紫苏梅去籽连汤汁与磨成泥的姜、红辣椒末及所有调味料混成酱汁，淋至芦笋虾上即可。

236 蒜味鲜虾沙拉拌芦笋

材料o

鲜虾……………………2只
芦笋……………………4根

调味料o

蒜泥……………………5克
美乃滋…………………20 克
巴西里碎………………少许
盐………………………适量

做法o

1. 将芦笋洗净切去根部的坚硬部分备用。
2. 取一汤锅煮水至滚沸，加入少许分量外的盐后，放入芦笋汆烫至熟，再取出以冷水开冲凉，捞起切成5厘米长段备用。
3. 鲜虾去除泥肠，洗净，以滚水汆烫至熟后取出，泡冰开水冷却，再剥除虾壳备用。
4. 取一盘，排入芦笋段与鲜虾。
5. 取一碗，将所有调味料混合成蒜味沙拉酱后淋于鲜虾芦笋上即可。

237 龙虾沙拉

材料o

冷冻熟龙虾…………1只
包心菜丝…………80克

调味料o

美乃滋……………1小包

做法o

1. 先将熟冻龙虾解冻，待解冻后取下龙虾头，用剪刀将虾腹部的软壳顺着边缘剪下，取下龙虾肉，龙虾硬壳留用。
2. 包心菜丝装盘垫底。龙虾肉切成薄片铺于包心菜丝上，再挤上美乃滋。
3. 将龙虾头及虾身摆至盘上装饰即可。

Tips.料理小秘诀

新鲜的龙虾虽然较鲜甜美味，但是保鲜不易、价格偏高，若不想要花费太多，可以选用冷冻的熟龙虾，省去了事前的汆烫处理，只要解冻后就可以食用，搭配美乃滋风味更佳。

238 水果海鲜沙拉盏

材料o

水果丁……………15克
虾仁………………60克
鱿鱼丁……………60克
生菜叶……………1片

调味料o

美乃滋……………50克

做法o

1. 虾仁、鱿鱼丁用滚水汆烫熟后，捞出泡入冷开水中至凉再捞起备用。
2. 将各式水果丁、美乃滋和虾仁、鱿鱼丁一起拌匀备用。
3. 生菜叶洗净后，将做法2的材料摆放于生菜叶上装盘即可。

注：水果丁的种类可依个人喜好准备；亦可摆放些苜蓿芽、莴苣等装饰。

239 泰式凉拌生虾

材料

活草虾……200克
蒜末……20克
姜末……20克
红辣椒……1个
罗勒……适量
柠檬……1/4个

调味料

鱼露……2小匙
甘味酱油……2小匙

做法

1. 活草虾拔除头部与外壳，用菜刀顺着背部往下切开，但不切断身体，并清除肠泥，再以冷开水洗净，平翻置于盘上。
2. 红辣椒洗净切末，与姜末、蒜末混合拌入碗中，加进鱼露、甘味酱油拌匀。
3. 将酱汁淋在虾肉身上，挤上柠檬汁，并用罗勒装饰即可。

Tips.料理小秘诀

凉拌生虾一定要使用新鲜活虾，死虾或不新鲜的冷冻虾不宜生食，以免对身体健康产生影响。

240 姜汁拌虾丁

材料

大虾仁……200克
竹笋……1根
老姜……50克

调味料

盐……1/2小匙
香油……1小匙
白胡椒粉……1/4小匙

做法

1. 竹笋洗净切去笋尖，放入锅内加水（水需淹过竹笋），以小火煮约30分钟，熄火取出冲冷水至凉，去皮切丁备用。
2. 煮一锅滚沸的水，放入大虾仁烫熟后捞起，切丁备用。
3. 老姜洗净去皮，以研磨器磨成姜泥，去渣留姜汁备用。
4. 将竹笋丁、虾仁丁、姜汁以及所有调味料一起拌匀即可。

241 艳红海鲜盅

材料o

鲜虾……………………20克
墨鱼片…………………20克
芦笋……………………2根
牛西红柿………………1个
苜蓿芽…………………少许
黄卷须生菜……………适量

调味料o

美乃滋…………………20克

做法o

1. 将鲜虾和墨鱼片洗净放入滚水中煮熟后捞起、放凉备用。
2. 芦笋洗净后放入煮沸的盐水（材料外）中汆烫，再捞起泡入冷水中至凉、捞起备用。
3. 牛西红柿洗净，先挖除根蒂，再将籽与果肉稍加清理干净备用。
4. 将挖空的牛西红柿内填入做法1和做法2的所有材料及苜蓿芽后，挤上美乃滋，最后放置在黄卷须生菜铺底的盘上即可。

242 酸辣芒果虾

材料○

- 虾仁……………………10只
- 小黄瓜…………………40克
- 红甜椒…………………40克
- 芒果（去皮）……80克

调味料○

- 辣椒粉…………1/6小匙
- 柠檬汁……………1小匙
- 盐…………………1/6小匙
- 糖…………………1小匙

做法○

1. 小黄瓜、红甜椒、芒果洗净切丁；虾仁洗净烫熟后放凉，备用。
2. 将做法1所有材料放入碗中，加入所有调味料拌匀即可。

Tips.料理小秘诀

虾仁最好自行选购新鲜虾，洗净后放入滚沸的水中稍微汆烫至外壳变红捞出，剥壳去肠泥后，再汆烫至虾仁熟透，马上捞出泡入冰水中，可以让虾仁口感更好喔。

243 香芒鲜虾豆腐

材料○

- 鲜虾……………………3只
- 鸡蛋豆腐……………1块

调味料○

- 芒果丁………………20克
- 香菜碎…………………5克
- 红辣椒碎（去籽）··5克
- 柠檬汁…………60毫升
- 橄榄油…………180毫升
- 盐……………………适量
- 白胡椒粉……………适量

做法○

1. 取一盘，将鸡蛋豆腐洗净后切四方形排盘备用。
2. 鲜虾洗净用滚水汆烫至熟后捞起、去壳，排放于豆腐上备用。
3. 取一碗，放入所有调味料拌匀后淋于鲜虾上即可。

Tips.料理小秘诀

炎炎夏日，人常常食欲不振，不妨试着做做这道料理，鲜虾的鲜甜结合芒果本身的水果香气；鸡蛋豆腐的Q嫩口感及用橄榄油、柠檬汁调制的天然油醋，既美味又有均衡的营养。但要注意这类凉拌料理所用的食材一定要够新鲜才行。

244 凉拌虾仁葡萄柚

材料

虾仁……………………120克
葡萄柚 ……………………1个
香菜……………………少许

调味料

橄榄油 …………… 30毫升
柠檬汁 ……………10毫升
盐……………………适量
白胡椒粉……………适量

做法

1. 虾仁洗净放入滚水中后马上熄火，让其浸泡至熟，再取出以冷开水冲凉、捞起备用。
2. 葡萄柚洗净、去皮，剥成瓣状；香菜洗净切成粗碎状备用。
3. 取一碗，放入所有调味料一起混匀备用。
4. 取一调理盆，放入虾仁、葡萄柚与调味汁一起混合后盛盘，最后撒上香菜碎即可。

245 日式翠玉鲜虾卷

材料○

鲜虾……4只
白菜……1个
绿豆芽……30克
芦笋……2根

调味料○

味噌……50克
白醋……10毫升
香油……10毫升
糖……10克
冷开水……10毫升

做法○

1. 白菜一片片剥开后洗净备用。
2. 白菜用滚水汆烫至熟，再捞起沥干水分；绿豆芽、芦笋洗净后用滚水汆烫至熟，捞起泡冰开水，使其保持清脆备用。
3. 鲜虾洗净去肠泥，用滚水煮熟后再去壳备用。
4. 取一盘，将白菜铺于盘上，再依序放上绿豆芽、芦笋和鲜虾，将白菜卷起固定后切成约3厘米段摆盘。
5. 取一碗，放入所有调味料混合均匀，淋于白菜卷上即可。

246 酸奶咖喱虾

材料

鲜虾……120克
香菜……5克

调味料

原味酸奶……80毫升
咖喱粉……5克
辣椒粉……适量
柠檬汁……少许

做法

1. 将鲜虾洗净后放入滚水中汆烫，再取出泡于冰开水中至凉，捞起去头、去壳留尾备用。
2. 取一碗，放入咖喱粉、辣椒粉、柠檬汁及原味酸奶混合均匀备用。
3. 将鲜虾与做法2的酱汁搅拌均匀盛盘，最后撒上香菜即可。

247 鲜虾木瓜盘

材料

鲜虾……4只
木瓜……60克
生菜……30克
巴西里碎……5克

调味料

千岛沙拉酱……50克

做法

1. 鲜虾洗净洗净用滚水汆烫至熟取出，以冷开水冲凉后去壳备用。
2. 木瓜洗净后切长条状，再去籽、去皮；生菜洗净、切丝备用。
3. 取一盘，将木瓜条放入，把生菜丝放于木瓜肉上，再放上鲜虾，均匀挤上千岛沙拉酱，最后撒上巴西里碎即可。

248 凉拌蟹肉

材料

生蟹肉……200克
小黄瓜……30克
胡萝卜……30克
鱼板……30克
红辣椒……20克
巴西里碎……少许

调味料

白胡椒……少许
香油……20毫升
鸡粉……5克
盐……少许

做法

1. 将生蟹肉放入滚水中汆烫熟后取出，泡入冰开水中至凉再捞起备用。
2. 小黄瓜、胡萝卜及鱼板皆洗净、切小方块状，并放入滚水中汆烫，再取出泡入冰开水中至凉后捞起沥干；红辣椒洗净、切小方块状备用。
3. 取一调理盆，放入做法1、做法2的所有材料，再加入所有调味料一起搅拌均匀后盛盘，并放上巴西里碎装饰即可。

249 呛蟹

材料

螃蟹（约450克）··2只
葱······1根
姜······10克
花椒粉······1小匙

调味料

香酒汁······适量（以可以完全浸泡食材为原则）

做法

1. 将蟹盖打开，去鳃洗净备用。
2. 把蟹摆放在容器中。
3. 葱、姜洗净拍松，与花椒粉一起放在蟹上，并倒入香酒汁浸泡，约3天后即可食用。

香酒汁

材料：
A 陈年绍兴酒200毫升
B 鸡高汤50毫升、盐1/2小匙、味精1/2小匙、糖1/4小匙、当归1片、枸杞子1小匙

做法：
（1）将当归剪碎备用。
（2）取一汤锅，将所有材料B一起入锅煮开，即可关火。
（3）待汤凉后，倒入材料A即可。

250 蟹肉香苹土豆沙拉

材料

蟹肉······60克
苹果······1个
土豆······120克
西芹······20克
黄卷须生菜······2片

调味料

美乃滋······50克

做法

1. 蟹肉用滚水汆烫至熟，捞出冷却备用。
2. 苹果洗净对切，取半个削皮、去籽后切丁；西芹洗净、切丁备用。
3. 土豆洗净，放入电锅中蒸熟后取出放凉，再去皮、切丁备用。
4. 取一调理盆，放入做法1、做法2、做法3的所有材料一起混合，再加入美乃滋拌匀，盛入摆有另外半个苹果的盘中，最后用黄卷须生菜装饰即可。

251 蟹肉莲雾盅

材料

蟹肉……60克
莲雾……2个
水煮蛋……1个
洋葱丁……20克
紫甘蓝丝……10克
巴西里碎……3克

调味料

美乃滋……120克
盐……适量
白胡椒粉……适量

做法

1. 蟹肉用滚水汆烫后取出，泡入冰开水中冷却、捞起备用。
2. 莲雾洗净，于顶部1／3处横向切开，挖除中间籽的部分呈一盅状；水煮蛋去壳切粗丁状备用。
3. 将紫甘蓝丝铺于盘上备用。
4. 取一调理盆，放入洋葱丁、蟹肉、盐、白胡椒粉及美乃滋一起混合拌匀。
5. 将做法4的材料与蛋丁拌匀后填入莲雾盅内，最后放在紫甘蓝丝上，并撒上巴西里碎即可。

252 泰式蟹肉凉面

材料

蟹肉……60克
天使面……80克
胡萝卜丝……20克
罗勒丝……适量

调味料

柠檬汁……20毫升
鱼露……40毫升
红辣椒碎……20克
蒜蓉……10克
糖……10克

做法

1. 蟹肉用滚水汆烫至熟，取出以冷开水冲凉、捞起备用。
2. 胡萝卜丝泡入冰开水中使其口感清脆，备用。
3. 取一汤锅放入适当的水（材料外）煮至滚沸，加入少许分量外的盐及天使面煮约5分钟捞出，再以冷开水冲凉，摆盘备用。
4. 将蟹肉、胡萝卜丝及罗勒丝放在天使面上。
5. 取一调理盆，将所有调味料混合拌匀后淋于做法4的材料上，食用前拌匀即可。

头足类料理篇

最常食用的头足类海鲜盛产期多在春、秋两季。头足类的料理也不胜枚举，如热炒店的招牌菜三杯墨鱼、逛夜市一定会吃的烤墨鱼仔、泰式料理的凉拌海鲜等，每一道都少不了这类头足类海鲜的踪迹。

虽然这类海鲜相当普遍美味，但也相对的不那么好料理，因为市面上买回来的墨鱼仔、鱿鱼大部分都要自己处理内脏，而且一不小心就会煮的太老、过度卷曲等。以下这篇要教你头足类的料理法，跟着大厨一起做，变化出各式美味的料理吧！

头足类的挑选、处理诀窍大公开

尝鲜保存小妙招

建议先将鱿鱼、墨鱼这一类的头与身体分离，再将内脏取出，洗净拭干后依照料理需求切片或整条放入冰箱冷藏。而墨鱼仔、小章鱼这类不方便处理的，可以先烫熟再沥干放入冰箱冷藏，都可以延长保存期限喔。

头足类新鲜判断法

Step1

第一步先看身体是否带透明状，且新鲜状态下应该呈现自然光泽，触须无断落，表皮完整；如果变成灰暗的颜色，表皮无光泽就是不新鲜了，千万不要选 。

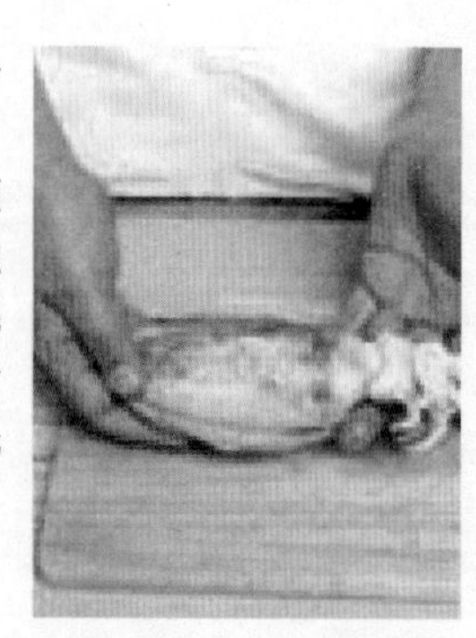

Step2

接下来摸一下表面是否光滑，轻轻按压会有弹性，如果失去弹性且表皮沾粘，这种软管类海鲜就已经失去新鲜度了。

干鱿鱼处理步骤

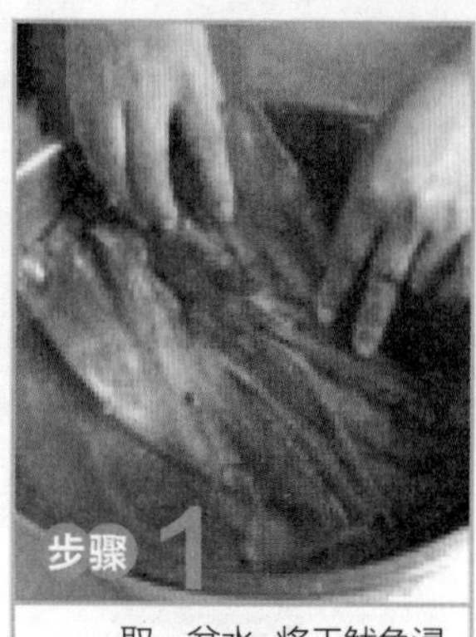

步骤1

取一盆水，将干鱿鱼浸入水中， 水量要盖过鱿鱼。

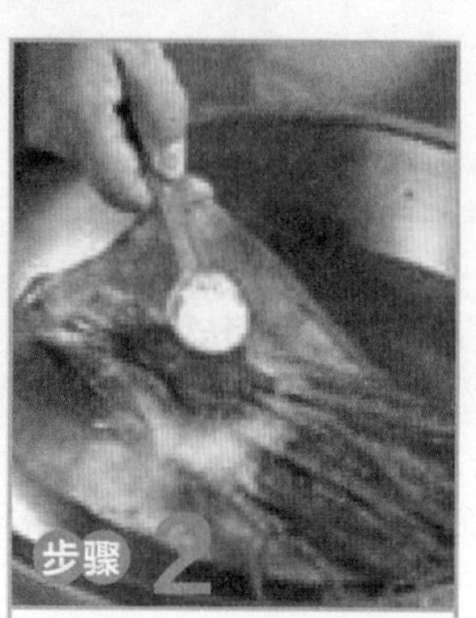

步骤2

加入1匙的盐，可使鱿鱼口感比较脆。

步骤3

用手将盐拌匀，并使鱿鱼全部浸泡在盐水中，静置约8小时待发。

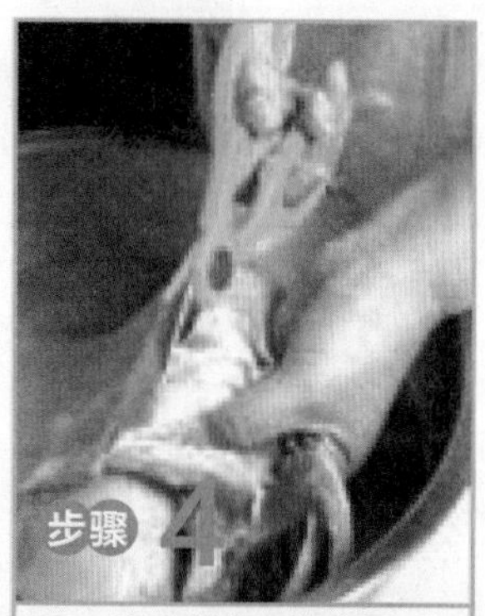

步骤4

取出鱿鱼，放在另一盆中，用流动的自来水泡约60分钟，泡发后用剪刀将鱿鱼头部剪开。

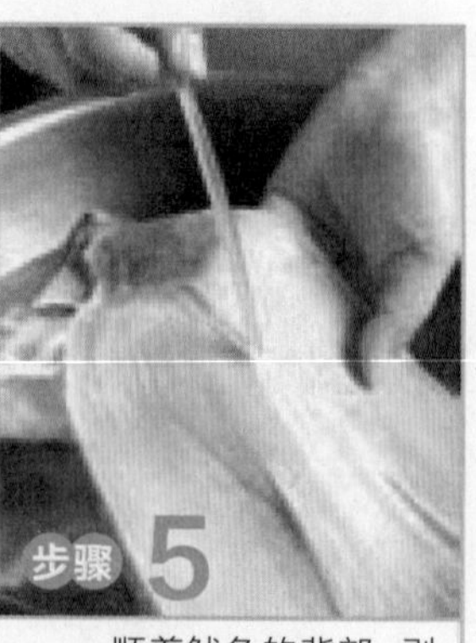

步骤5

顺着鱿鱼的背部，剥除中间的硬刺。

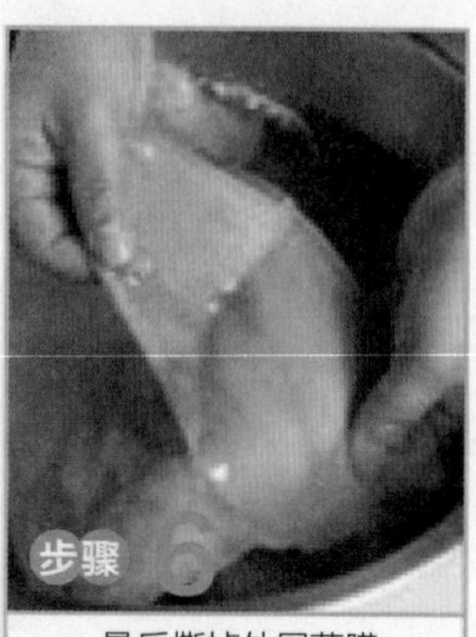

步骤6

最后撕掉外层薄膜。

到市场，总是会看到许多墨鱼、墨鱼这类软管类一个个整齐放在摊子上，等着爱吃海鲜的老饕们来把它们选回家料理。但要做出一道好吃的料理，最重要的就是食材要新鲜，而要挑选新鲜的软管类海鲜，可是也是有学问的。

墨鱼处理步骤

墨鱼身体瘦长、尾巴尖，吃起来带有甜味，在我国台湾地区四季都可买到，以海域附近现捞的最新鲜好吃。买回来如没马上吃，记得要放在冰箱冷冻，等到要烹调再取出切割即可。另外烹调时记得要以大火方式快炒，才能保留其中的水分，吃起来味道鲜又甜。

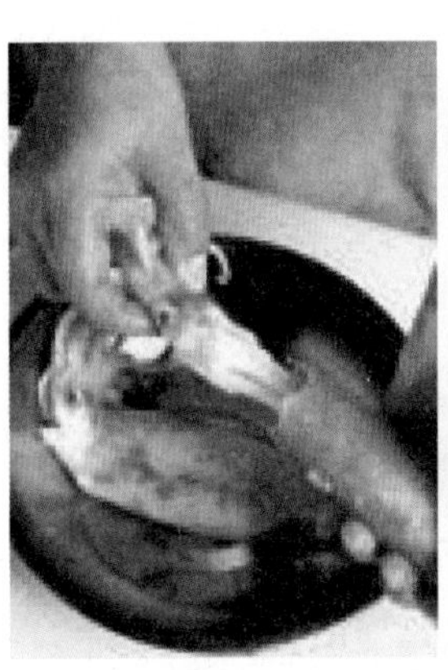

1 一手抓住头部，将头从身体部位抽出。

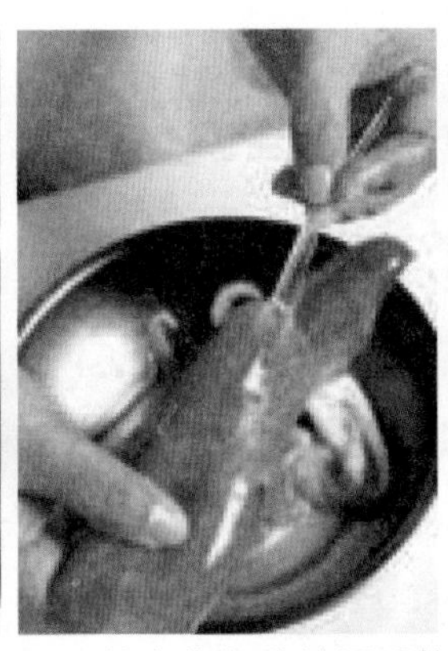

2 将身体部分的透明软骨取出。

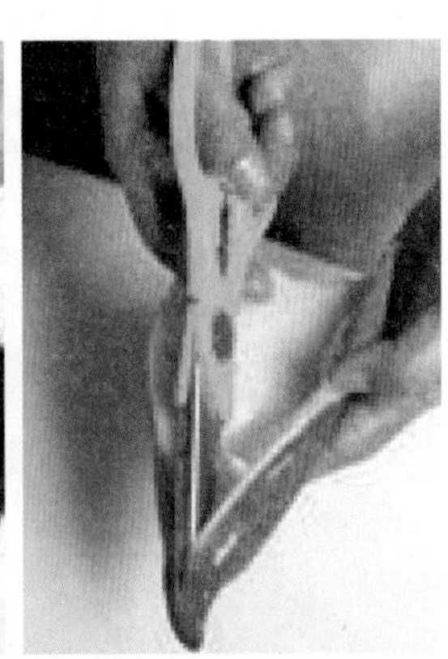

3 用剪刀将身体剪开，撕掉外层薄膜。

软丝处理步骤

软丝身体比较宽圆、肉质Q弹，带有甜味；台湾地区盛产季是在农历过年前后，现捞上岸可做成生鱼片，也适合用汆烫蘸酱或搭配蔬果快炒。烹煮软丝时不管哪种料理方式都要尽量缩短时间，以免烹调过程让其丧失鲜汁水分，使肉质变得不脆！

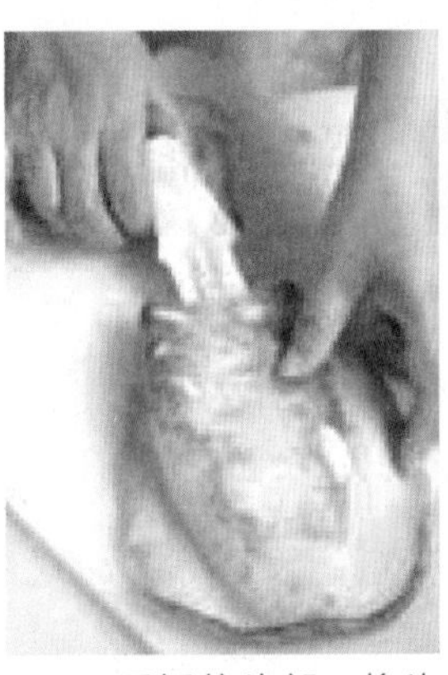

1 一手抓住头部，将头从身体部位抽出。

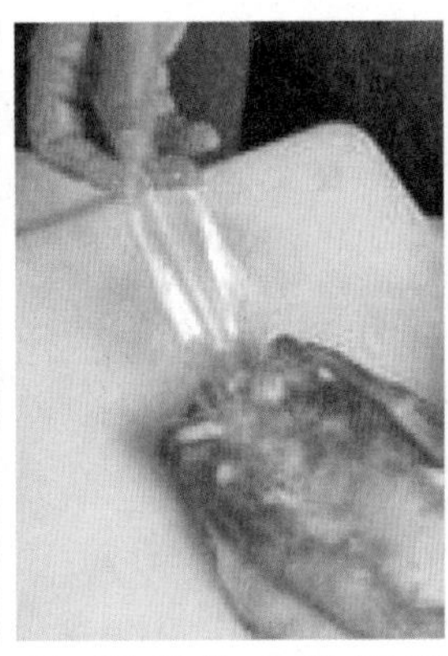

2 取出体内的透明软骨。

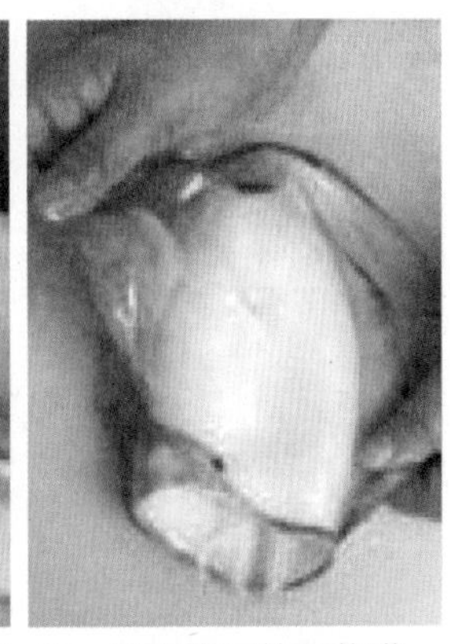

3 用手撕开外层薄膜，再清洗干净。

鱿鱼处理步骤

鱿鱼肉质肥厚、鲜嫩脆滑。最常见的就是切成一段段的圆圈状，做成家喻户晓的三杯鱿鱼，或者可以热炒、煮汤、汆烫蘸酱或沙拉，这几种做法都是品尝原味口感与鲜度的极佳选择，风味皆各有不同，但都能维持鱿鱼的新鲜原味，也是饕客在餐厅里必点的尝鲜圣品。

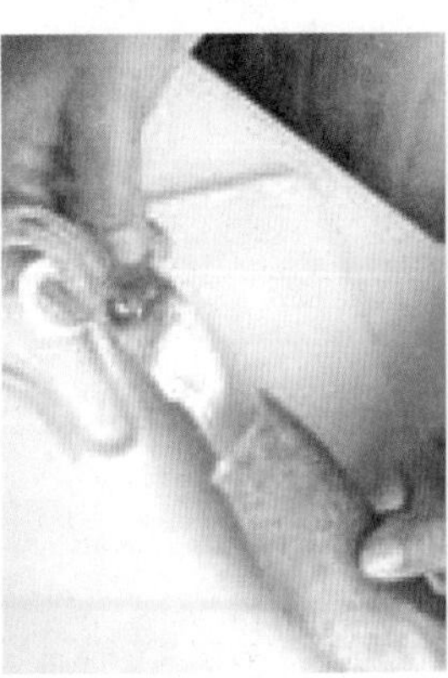

1 一手抓住头部，将头从身体部位抽出。

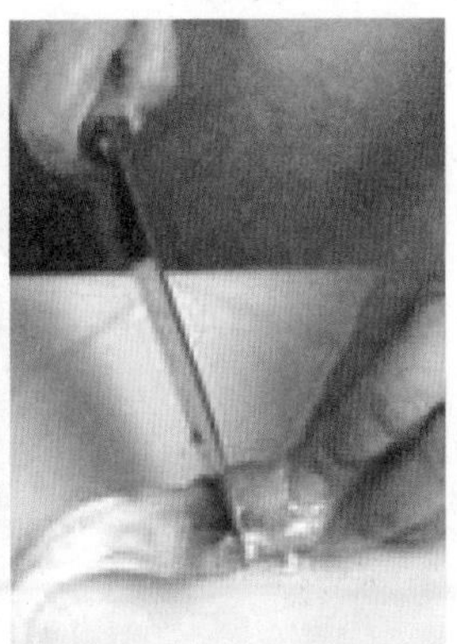

2 用尖刀切开眼睛部位，将眼睛取出。

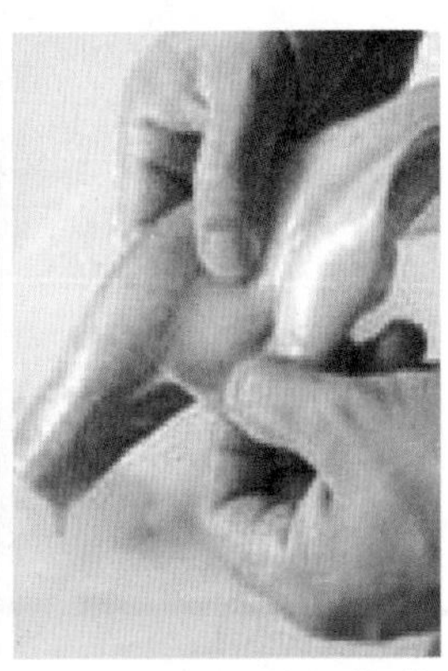

3 用手撕开外层薄膜，再清洗干净。

253 台式炒墨鱼

材料

墨鱼……1/2只
芹菜……150克
蒜末……1/2小匙
红辣椒片……少许
水淀粉……1小匙

调味料

盐……1/2小匙
糖……1/4小匙
香油……1/2小匙
白胡椒粉……1/8小匙

做法

1. 墨鱼清理干净切块；芹菜去叶片洗净切段，备用。
2. 将墨鱼汆烫后，以冷水洗净备用。
3. 热锅，倒入适量的油，加入蒜末和红辣椒片爆香，再加入芹菜段、墨鱼块，以小火炒2分钟，加入所有调味料，以水淀粉略炒勾芡即可。

254 士林生炒墨鱼

材料o

墨鱼……………………300克
桶笋……………………80克
胡萝卜…………………30克
葱…………………………1根
猪油……………………2大匙
蒜末……………………10克
红辣椒末………………10克
热水……………………300毫升
红署粉水………………适量

调味料o

米酒……………………1大匙
盐……………………1/2小匙
鸡粉…………………1/2小匙
糖………………………1小匙
白醋……………………2小匙
乌醋……………………1小匙

做法o

1. 将处理好的墨鱼洗净，切成大块；另将桶笋洗净切片；胡萝卜洗净削皮切片；葱洗净切段备用（如图1）。
2. 取锅烧热后，加入猪油，烧至完全溶解成透明的油（如图2）。
3. 再加入葱段、蒜末、红辣椒末爆香（如图3）。
4. 加入墨鱼片、桶笋片、胡萝卜片略炒，倒入热水煮开（如图4）。
5. 陆续倒入米酒、盐、鸡粉、糖煮至再度滚开，以红薯粉水勾芡，起锅前加上白醋与乌醋拌匀即可（如图5）。

Tips.料理小秘诀

料理生炒墨鱼时，口味若没有特别要求，选用色拉油、橄榄油等一般食用油即可，希望味道香一点的，则可以适量使用猪油，来增添其风味。本食谱示范有时用猪油、有时用一般食用油，目的是提供另一种尝试，并不是该道菜非用此油不可，读者可依自己喜好，选择喜好的油类来烹调。

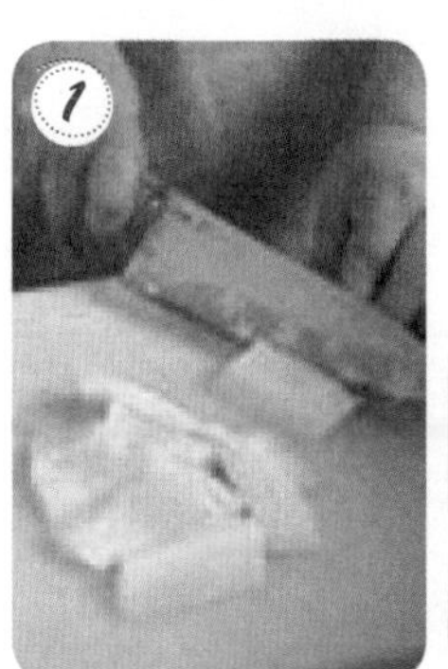

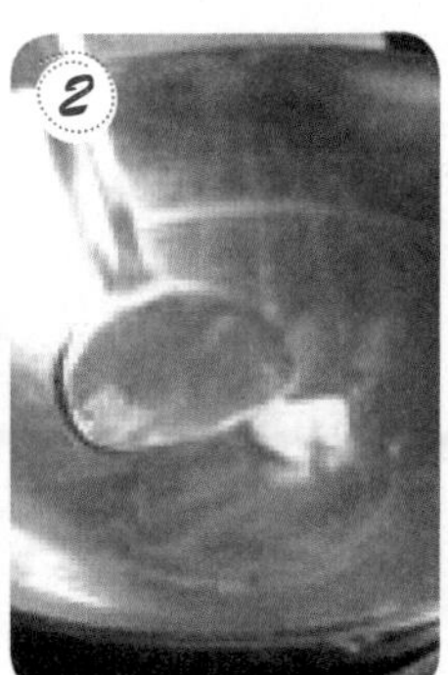

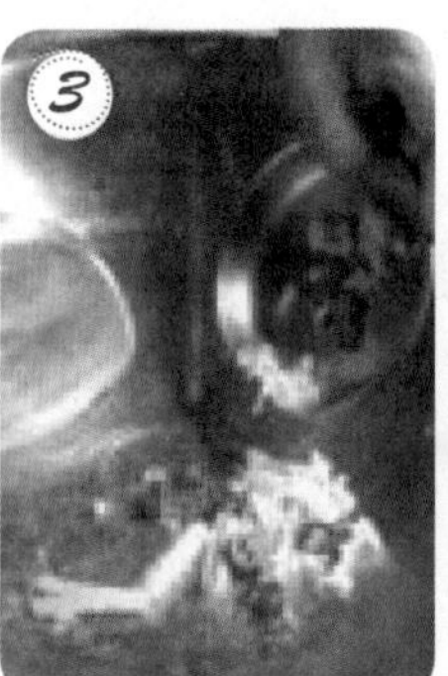

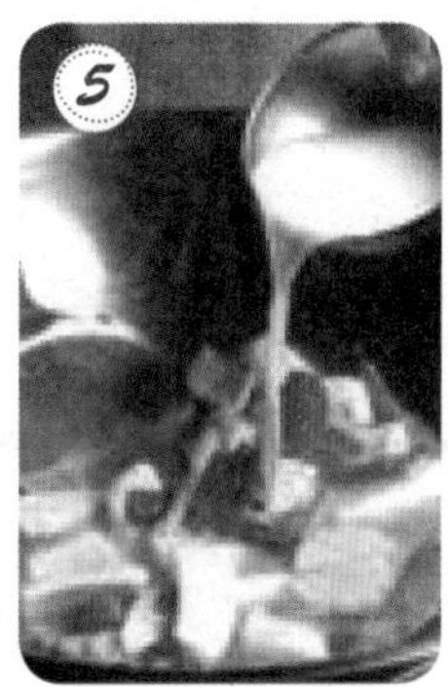

255 豆瓣酱炒墨鱼

材料

- 墨鱼……1只
- 姜片……适量
- 蒜片……2片
- 红辣椒片……少许
- 大葱段……适量

调味料

- 豆瓣酱……2大匙
- 香油……1小匙
- 盐……适量
- 白胡椒粉……适量

做法

1. 墨鱼去头，将墨鱼身洗净后，先切花后再切片状备用。
2. 煮一锅约100℃的热水，将墨鱼片放入略汆烫即可捞起备用。
3. 取锅，加入少许油烧热，放入姜片、蒜片、红辣椒片和大葱段爆香，加入墨鱼片和所有的调味料翻炒均匀即可。

Tips.料理小秘诀

加入一些豆瓣酱拌炒，可盖过墨鱼的腥味。

256 西芹炒墨鱼

材料

- 西芹片……60克
- 墨鱼……300克
- 红甜椒片……20克
- 黄甜椒片……20克
- 葱段……适量
- 蒜片……3片

调味料

- 鲜美露……1大匙
- 糖……1小匙
- 米酒……1大匙
- 香油……1小匙

做法

1. 墨鱼洗净切花，再切小块，放入滚水中汆烫，备用。
2. 热锅，加入适量色拉油，放入葱段、蒜末爆香，再加入西芹片、红甜椒片、黄甜椒片炒香，再加入墨鱼及所有调味料拌炒均匀即可。

257 彩椒墨鱼圈

材料

青椒片……50克
黄甜椒片……50克
红甜椒片……50克
墨鱼圈……200克
蒜片……10克
葱段……10克

调味料

盐……1/4小匙
鸡粉……1/4小匙
米酒……1大匙
水……少量

做法

1. 热锅，加入2大匙油，放入蒜片、葱段爆香，再放入墨鱼圈拌炒。
2. 锅中放入青椒片、黄甜椒片、红甜椒片、所有调味料炒至均匀入味即可。

Tips.料理小秘诀

墨鱼本身就很容易熟，所以要注意翻炒的时间，不要炒过久，否则会变得太过干涩，口感就不佳了!

258 蒜香豆豉墨鱼

材料

A 墨鱼……600克
B 蒜片……少许
豆豉……10克
红辣椒段……少许
葱花……少许
姜片……少许

面糊材料

鸡蛋……1个
玉米粉……20克
淀粉……20克

调味料

盐……1/2小匙
鸡粉……1/4小匙
白胡椒粉……1小匙

做法

1. 墨鱼洗净去内脏，切条状备用。
2. 面糊材料搅拌均匀成面糊。
3. 将墨鱼条沾裹面糊，放入180℃油锅中，以中火炸约2分钟至表面呈金黄色，捞起沥油备用。
4. 热锅，先爆香材料B，再加入所有调味料与炸好的墨鱼条，快速拌炒均匀即可。

259 四季豆墨鱼

材料o

墨鱼……………………150克
四季豆…………………50克
姜………………………10克
红辣椒……………………5克
胡萝卜……………………5克

调味料o

水…………………… 30毫升
糖……………………1/2小匙
鲜美露………………1大匙

做法o

1. 墨鱼洗净去除内脏，切成条状，放入沸水中汆烫至熟，捞起沥干备用。
2. 四季豆洗净，去除头尾与粗筋后切小段；姜洗净切成条状；红辣椒洗净，去籽切条状；胡萝卜洗净，去皮切条状备用。
3. 热锅倒入适量的油，放入做法2的材料炒香，加入所有调味料焖煮约2分钟。
4. 再加入墨鱼条拌炒均匀即可。

Tips.料理小秘诀

为了避免墨鱼在加热的过程卷起来，变得与其他食材长条的形状不搭，在切的时候可以将墨鱼身体横着切条，不要顺着身体直切，否则一加热就会卷起来了。

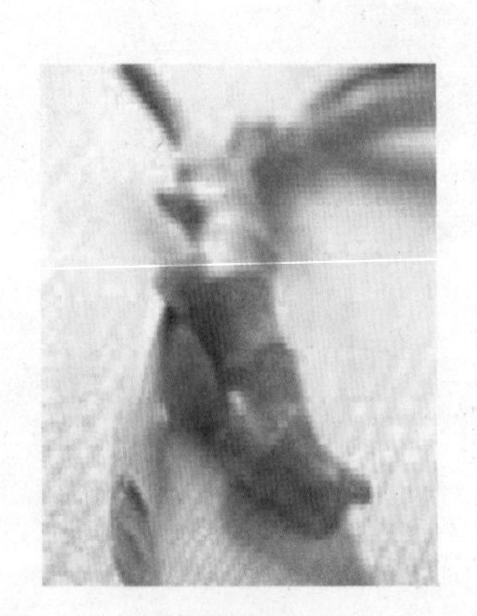

260 炒三鲜

材料o

鱿鱼……………………20克
墨鱼……………………20克
虾仁……………………30克
小黄瓜…………………10克
胡萝卜……………………5克
葱……………………………1根
姜……………………………5克
水淀粉……………………1小匙

调味料o

水……………………30毫升
糖……………………1小匙
蚝油…………………1大匙
酱油…………………1小匙
米酒…………………1小匙
香油…………………1小匙
白胡椒粉………………少许

做法o

1. 鱿鱼、墨鱼洗净切片后，在表面切花刀与虾仁分别放入沸水汆烫至熟，捞起沥干备用。
2. 胡萝卜洗净去皮切片、小黄瓜洗净切片，分别放入沸水汆烫一下，捞起沥干备用。
3. 葱洗净切段；姜洗净切片，备用。
4. 热锅倒入适量的油，放入做法3的材料爆香后，加入做法1、做法2所有材料及所有调味料炒匀，再加入水淀粉勾芡即可。

261 椒麻双鲜

材料o

鱿鱼…………………100克
墨鱼…………………100克
葱……………………………1根
姜…………………………10克
蒜仁…………………………3粒
花椒粒……………………少许

调味料o

辣豆瓣酱…………2大匙

做法o

1. 鱿鱼、墨鱼洗净切兰花刀片，以沸水汆烫；葱洗净切花；姜洗净切末；蒜仁洗净拍碎切末，备用。
2. 取锅烧热后倒入适量油，放入葱花、姜末、蒜末与花椒粒炒香，再放入汆烫过的鱿鱼与墨鱼，加入辣豆瓣酱拌炒均匀即可。

262 生炒鱿鱼

材料

鱿鱼……300克
桶笋……80克
红辣椒……1个
葱……2根
猪油……2大匙
蒜末……10克
姜末……10克
热水……300毫升
红薯粉水……适量

调味料

米酒……1大匙
盐……1/3小匙
鸡粉……1/2小匙
糖……1小匙
沙茶酱……1小匙

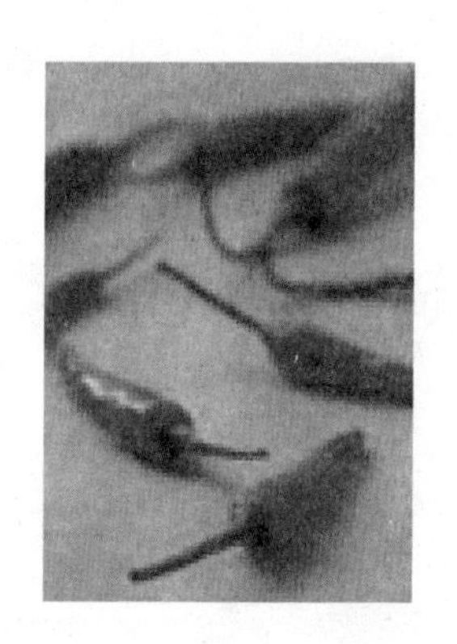

做法

1. 将处理好的鱿鱼洗净并切片；桶笋、红辣椒洗净切片；葱洗净切段备用（如图1）。
2. 取锅烧热后加入猪油，再放入葱段、蒜末、姜末爆香（如图2）。
3. 加入鱿鱼片、桶笋片、红辣椒片略炒数下（如图3）。
4. 倒入热水与米酒，一同拌炒至汤汁略滚（如图4）。
5. 加入盐、鸡粉、糖、沙茶酱炒至汤汁滚沸时，以红薯粉水勾芡即可（如图5）。

1

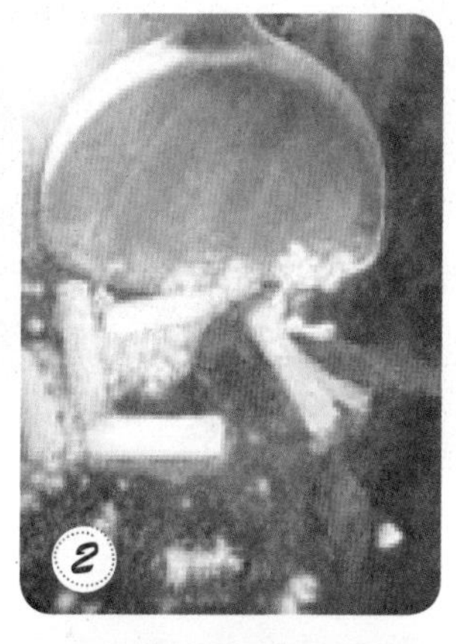
2

3

4

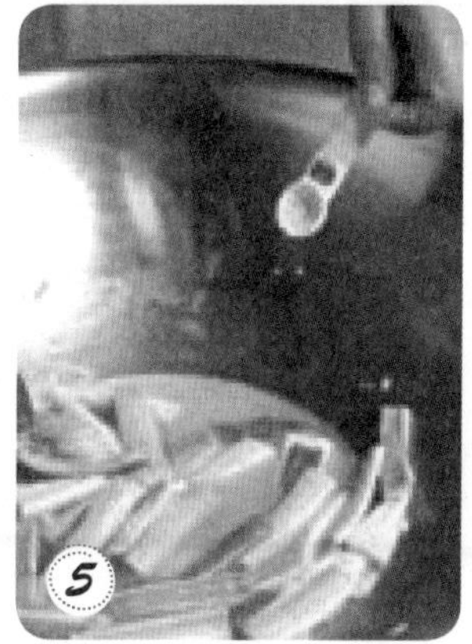
5

Tips.料理小秘诀

新鲜的鱿鱼在平放时身体会稍微弓起、表皮完整及色泽亮；不新鲜的鱿鱼身体没有弹性，放着会软趴趴、表皮有脱皮、缺乏光泽。

263 宫保鱿鱼

材料o

宫保（干辣椒）…15克
水发鱿鱼…………200克
姜…………………………5克
葱…………………………2根
蒜味花生……………50克

调味料o

A 白醋……………1小匙
酱油……………1大匙
糖………………1小匙
料酒……………1小匙
水………………1大匙
淀粉…………1/2小匙
B 香油……………1小匙

做法o

1. 将水发鱿鱼皮剥除后、切花，放入滚水中汆烫约10秒即捞出沥干水分；姜洗净切丝；葱洗净切段，备用。
2. 将所有调味料A调匀即成兑汁备用。
3. 热锅，加入约2大匙色拉油，以小火爆香葱段、姜丝及宫保后，加入鱿鱼，以大火快炒约5秒，再边炒边将做法2的兑汁淋入，拌炒均匀入味，最后加入蒜味花生及洒上香油即可。

264 沙茶炒鱿鱼

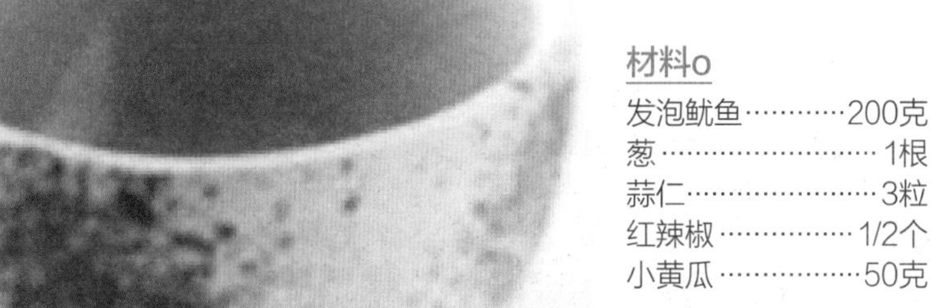

材料o

发泡鱿鱼…………200克
葱……………………1根
蒜仁…………………3粒
红辣椒……………1/2个
小黄瓜………………50克

调味料o

沙茶酱……………1大匙
糖…………………1小匙
水…………………1大匙
酱油膏……………1小匙
白胡椒粉…………少许

做法o

1. 发泡鱿鱼表面切花刀再切小片，再放入沸水中汆烫至熟；小黄瓜洗净切块，备用。
2. 葱洗净切小段；蒜仁洗净切末；红辣椒洗净切片，备用。
3. 热锅倒入适量的油，放入做法2的材料爆香，再加入鱿鱼片、小黄瓜块及所有调味料拌炒均匀即可。

Tips.料理小秘诀

若不想花太多时间在泡发鱿鱼上，也可以购买新鲜鱿鱼，或者是在泡发鱿鱼的水中加入少许碱粉，但用量不宜过多，以免碱味太重。

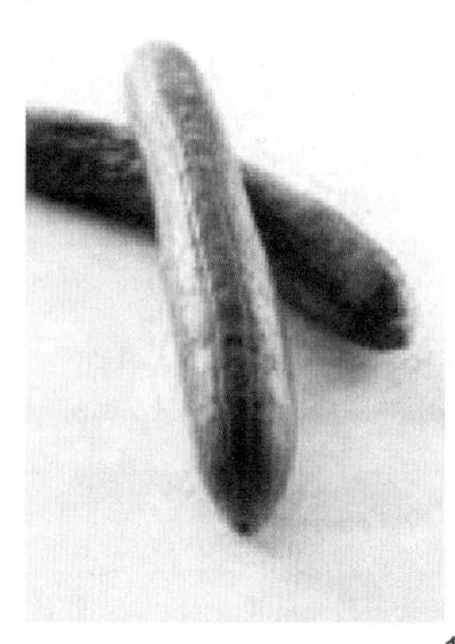

265 蒜苗炒鱿鱼

材料o

蒜苗……30克
干鱿鱼……1/2只
红辣椒……10克
蒜末……15克

调味料o

盐……1/4小匙
糖……少许
鸡粉……1/4小匙
酱油……1小匙
乌醋……1/4小匙

做法o

1. 干鱿鱼用水加少许盐（分量外）浸泡5小时泡发备用。
2. 鱿鱼去薄膜，洗净切条状；蒜苗洗净切段，分蒜白和蒜尾；红辣椒洗净切斜片备用。
3. 热锅，倒入2大匙的油，放入蒜白、红辣椒片和蒜末爆香。
4. 再加入鱿鱼条炒匀，加入所有调味料调味，最后加入蒜尾炒匀即可。

266 芹菜炒鱿鱼

材料o

芹菜……3根
干鱿鱼……350克
韭菜……50克
蒜仁……2粒
红辣椒……1/2个

调味料o

黄豆酱……1大匙
香油……1小匙
盐……适量
白胡椒粉……适量

做法o

1. 将干鱿鱼泡入水中2小时，洗净后再用剪刀剪成小段备用。
2. 芹菜洗净切段；韭菜洗净切段；蒜仁和红辣椒洗净切片备用。
3. 取锅，加入少许油烧热，放入做法1、做法2的材料翻炒均匀，再加入调味料略翻炒即可。

Tips.料理小秘诀

建议可购买干鱿鱼，回家后直接浸入冷水中泡发。因为水发好的鱿鱼无嚼劲，口感较软。

267 椒盐鲜鱿鱼

材料

A 鲜鱿鱼…………180克
　葱……………………2根
　蒜仁………………20克
　红辣椒……………1个
B 玉米粉…………1/2杯
　吉士粉…………1/2杯

调味料

A 盐………………1/4小匙
　糖………………1/4小匙
　蛋黄………………1个
B 白胡椒盐……1/4小匙

做法

1. 把鲜鱿鱼洗净、剪开后去薄膜，在鱿鱼内面交叉斜切花刀后，用厨房纸巾略为吸干水分。
2. 在鱿鱼中加入所有调味料A拌匀；将所有材料B混合成炸粉；葱、蒜仁及红辣椒皆洗净切末。
3. 将鱿鱼两面均匀的沾裹上做法2调匀的炸粉。
4. 热油锅（油量要能盖过鲜鱿鱼），烧热至油温约160℃时，放入鱿鱼以大火炸约1分钟至表皮呈金黄酥脆时，捞出沥干油。
5. 锅底留下少许色拉油，以小火爆香葱末、蒜末、红辣椒末，再加入鱿鱼与白胡椒盐以大火快速翻炒均匀即可。

268 酥炸鱿鱼头

材料

鱿鱼头（含须）··500克
蒜泥……………………50克

调味料

盐……………………1大匙
糖……………………1小匙

炸粉

淀粉………………200克

做法

1. 鱿鱼头洗净后沥干切成小条，加入蒜泥、盐及糖拌匀冷藏腌渍2小时备用。
2. 于腌渍好的鱿鱼头中加入淀粉拌匀成浓稠状备用。
3. 热一油锅，待油温烧热至约180℃，将少量鱿鱼头放入，分多次以大火炸约5分钟至表皮成金黄酥脆时捞出沥干油即可。

Tips.料理小秘诀

因鱿鱼头含水量比较高，若一次全部放入锅中油炸，会使油温下降太快，容易造成表面的面糊脱浆，而不容易炸得酥脆。

269 蔬菜鱿鱼

材料

西芹……………100克
玉米笋……………40克
黑木耳……………30克
胡萝卜……………30克
发泡鱿鱼…………300克
姜末…………………5克
蒜末…………………10克

调味料

盐……………1/4小匙
鸡粉…………………少许
乌醋…………………少许
白胡椒粉……………少许
香油…………1/4小匙

做法

1. 先将发泡鱿鱼剥去外层皮膜，再洗净切小片。
2. 西芹洗净切条；玉米笋洗净切段；黑木耳洗净切片；胡萝卜洗净，削去外皮后切成小片备用。
3. 将做法2的蔬菜放入滚水中汆烫熟，再熄火放入鱿鱼略烫，捞出泡冰水沥干备用。
4. 取一锅，加入1大匙油烧热，放入姜末、蒜末先爆香，再放入做法3的材料和所有调味料拌炒均匀。
5. 将做法4的材料盛盘，待凉后以保鲜膜封紧，放入冰箱中冷藏至冰凉即可。

备注：若不想吃冰的，这道菜也可以热食。

270 泰式酸辣鱿鱼

材料o

鱿鱼200克、西红柿80克、青椒40克、洋葱60克、柠檬汁2大匙、蒜片20克、罗勒叶10克

调味料o

水100毫升、椰浆50毫升、泰式酸辣汤酱1大匙、糖1小匙

做法o

1. 取鱿鱼洗净切花后切片；西红柿、青椒、洋葱洗净，切小块，备用。
2. 热一炒锅，加入2大匙色拉油，以小火爆香蒜片及西红柿、青椒与洋葱块。
3. 加入水、酸辣汤酱、椰浆与糖，煮开后续煮约1分钟，接着加入鱿鱼，转中火煮滚后盖上锅盖。
4. 煮约2分钟后即可关火，接着放入罗勒叶、挤入柠檬汁拌匀即可。

Tips.料理小秘诀

柠檬汁一定要最后再入锅，而且拌匀即可，若太早放会把柠檬汁的酸香味煮掉，泰式料理就是要有这股酸香才对味。

271 豉油皇炒墨鱼

材料o

墨鱼……2只
葱花……2大匙
蒜末……1小匙

调味料o

糖……1小匙
酱油……1大匙
香油……1/2小匙
白胡椒粉……1/2小匙

做法o

1. 墨鱼清理干净切花切片备用。
2. 将墨鱼片放入沸水汆烫后洗净备用。
4. 热锅，倒入1大匙油，加入蒜末、葱花爆香，再加入墨鱼片，以大火炒约1分钟，加入所有调味料炒约2分钟即可。

Tips.料理小秘诀

豉油皇是港式料理的一种做法，是使用老抽将食物炒出焦香味，不过也可以用酱油加糖来替代，也会有同样的香味。

272 三杯鱿鱼

材料o

鲜鱿鱼……………180克
姜……………………50克
红辣椒………………2个
罗勒…………………20克

调味料o

胡麻油…………… 2大匙
酱油膏…………… 2大匙
糖……………………1小匙
米酒………………… 2大匙
水…………………… 2大匙

做法o

1. 鲜鱿鱼洗净切成圈状；姜切片；红辣椒洗净剖半；罗勒挑去粗茎洗净，备用。
2. 鲜鱿鱼放入滚水中汆烫约30秒，即捞出沥干。
3. 热锅，加入胡麻油，以小火爆香姜片及红辣椒，放入鱿鱼圈及其他调味料，以大火煮滚后，持续翻炒至汤汁收干，最后加入罗勒略为拌匀即可。

Tips.料理小秘诀

做法2将鲜鱿鱼先放入滚水中汆烫，再下油锅中翻炒的主要目的是去黏膜，让肉质紧缩，锁住鲜味，口感就会比较好吃。

273 蜜汁鱿鱼

材料o

鱿鱼1只（约350克）、蒜末1小匙、红辣椒1/2个、香菜30克、面粉1大匙

调味料o

糖2大匙、盐1/4小匙、米酒2小匙、水60毫升

做法o

1. 鱿鱼洗净去内脏后，切成片状；红辣椒洗净切斜片，备用。
2. 将鱿鱼片上切花刀后，均匀沾裹上面粉备用。
3. 热一锅倒入适量的油，待油温烧热至170℃时，放入鱿鱼片炸至卷曲且金黄，捞出备用。
4. 锅中留少许油，放入蒜末及红辣椒片爆香后，加入所有调味料煮至汤汁沸腾。
5. 再加入鱿鱼片拌炒均匀，加入香菜即可。

Tips.料理小秘诀

海鲜类食材经常会有去皮、去内脏等比较麻烦的处理过程，可以的话尽量在购买的时候就请鱼贩代为处理，一方面可以省去自己处理的步骤，另一方面也可以延长鲜度与保存期限。

274 西红柿炒鱿鱼

材料o

西红柿……120克
鱿鱼……150克
葱……2根
姜……10克
橄榄油……1小匙

调味料o

米酒……1大匙
酱油……1大匙
糖……1/2小匙
盐……1/4小匙

做法o

1. 西红柿洗净切块；鱿鱼洗净切圈状；葱洗净切段；姜洗净去皮切片备用。
2. 煮一锅水，将鱿鱼汆烫后，捞起沥干备用。
3. 取一不粘锅，加入橄榄油后，爆香葱段、姜片。
4. 放入西红柿块炒软后，放鱿鱼圈快速拌炒，再加入调味料拌炒均匀即可盛盘。

Tips.料理小秘诀

鱿鱼只要汆烫至表面看起来肉质结实即可迅速捞起。因为烫过的鱿鱼还要放入锅中快炒，如果肉质过熟，会让口感变差，更失去食材本身的鲜甜味。

275 葱爆墨鱼仔

材料

葱段……………………50克
咸墨鱼仔…………200克
蒜末……………………20克
红辣椒片……………5克

调味料

酱油……………………2大匙
米酒……………………1大匙
水………………………2大匙
糖………………………1小匙

做法

1. 咸墨鱼仔用开水浸泡约5分钟，再捞出洗净、沥干水分，备用。
2. 热一锅，加入约200毫升色拉油，烧热至约160℃，将墨鱼仔放入以中火炸约2分钟至微焦香后捞出沥油。
3. 锅底留少许油，放入葱段、蒜末及红辣椒片炒香，接着加入墨鱼仔炒香，再加入所有调味料炒至干香即可。

276 姜丝墨鱼仔

材料

姜丝……………………15克
咸墨鱼仔…………300克
红辣椒丝……………10克
葱段……………………10克

调味料

酱油……………1/2小匙
糖………………1/4小匙
米酒………………1大匙

做法

1. 先将咸墨鱼仔稍微冲水洗净，沥干备用。
2. 取一油锅，加入2大匙油烧热，放入姜丝、红辣椒丝、葱段先爆香，再放入咸墨鱼仔，拌炒至微干。
3. 放入调味料，炒至入味即可熄火。

277 香辣墨鱼仔

材料

墨鱼仔3只（约180克）、葱段30克、蒜末20克、红辣椒片15克、熟花生50克、淀粉30克

调味料

白胡椒盐20克、糖5克

做法

1. 将墨鱼仔洗净，取出内脏后切成片状，沾裹淀粉。
2. 取炒锅，加入250毫升色拉油烧热至约180℃，将墨鱼仔放入锅中炸至外观呈金黄色，捞起沥油备用。
3. 另取一炒锅，加入约15毫升的色拉油，放入葱段、蒜末、红辣椒片先爆香，放入墨鱼仔一同快炒后，再加入熟花生、白胡椒盐和糖翻炒均匀即可盛盘。

278 麻辣软丝

材料

软丝……100克
蒜仁……20克
芹菜……50克

调味料

淀粉……4大匙
红辣椒片……1小匙
洋葱片……1/4小匙
盐……1/4小匙
鸡粉……1/4小匙

做法

1. 把软丝洗净、剪开、去皮膜、切丝，将软丝沾裹上淀粉，备用。
2. 芹菜洗净切段，蒜仁切末，备用。
3. 热油锅（油量要能盖过软丝），待油温烧热至约160℃时，放入软丝以大火炸约1分钟至表皮呈金黄酥脆，即可捞出沥油。
4. 锅底留少许油，以小火爆香蒜末及红辣椒片，加入软丝、芹菜段、盐、鸡粉及洋葱片，以大火快速翻炒均匀即可。

279 酱爆软丝

材料

软丝……500克
蒜苗……100克
红辣椒片……15克
姜末……10克

调味料

辣豆瓣酱……1大匙
酱油……1/2大匙
蚝油……少许
糖……1/2小匙
米酒……1大匙

做法

1. 先将软丝洗净，去内脏后切成小片状。
2. 将软丝片放入油锅中过油略炸，再捞出沥油。
3. 取一油锅，加入2大匙油烧热，放入姜末、红辣椒片爆香，加入蒜苗炒香，再放入软丝片、调味料，拌炒均匀即可熄火。
4. 待做法3的材料凉后，装入保鲜盒中，放入冰箱冷藏至冰凉即可。

备注：这道菜若不想冰冰地吃，也可以于做法3的材料直接热食。

280 韭菜花炒墨鱼

材料

韭菜花……200克
墨鱼……600克
红辣椒……1个
蒜末……少许

调味料

盐……1小匙
水淀粉……适量

做法

1. 将墨鱼除去内脏、外膜、眼嘴等部位后洗净切花；红辣椒洗净切片；韭菜花洗净切成约3厘米段长后洗净，备用。
2. 取锅装半锅水加热，水滚后，放入墨鱼汆烫后捞出。
3. 取锅烧热后，放入1大匙油，加入红辣椒片、韭菜花段与蒜末，再加入盐，以大火炒约30秒。
4. 加入汆烫好的墨鱼快炒约3分钟，最后加入水淀粉勾芡即可。

281 翠玉炒墨鱼

材料

墨鱼（约180克）…2只
芦笋……120克
红甜椒……80克

调味料

米酒……20毫升
盐……适量
白胡椒粉……适量
水淀粉……适量

做法

1. 将墨鱼洗净，取出内脏后，剥除外皮，划刀切成花再切片，放入滚水中汆烫备用。
2. 芦笋去皮洗净后，切成约5厘米长段状；红甜椒洗净切成长条状，一起放入滚水中汆烫备用。
3. 取炒锅烧热，加入色拉油，放入墨鱼片炒到半熟后，加入做法2的材料和米酒、盐、白胡椒粉拌炒至入味后，最后加入水淀粉勾芡即可。

282 生炒鱿鱼嘴

材料o

龙珠（鱿鱼嘴）300克、胡萝卜50克、沙拉笋80克、蒜苗30克、红辣椒1个、蒜末10克、姜末10克、热水300毫升、红薯粉水适量

调味料o

A 米酒1大匙、盐1/4小匙、鸡粉1/4小匙、糖1小匙、沙茶酱1小匙、蚝油1小匙

B 白醋或乌醋适量

腌料o

盐1/4小匙、糖1/4小匙、米酒1小匙、白胡椒粉少许、姜片适量、葱段适量

做法o

1. 龙珠洗净用所有腌料腌好备用。
2. 胡萝卜洗净切块后汆烫；沙拉笋洗净切块；蒜苗、红辣椒洗净切成小段备用。
3. 取锅烧热后，倒入2大匙油，放入蒜苗段、蒜末、姜末与红辣椒段爆香，续加入龙珠，以大火热炒数下。
4. 放入胡萝卜块、沙拉笋块，倒入米酒，加入热水，煮滚后再加入剩余的调味料A续炒，煮至汤汁滚沸时，再以红薯粉水勾芡，起锅前淋上适量白醋或乌醋即可。

283 椒盐鱿鱼嘴

材料o

龙珠（鱿鱼嘴）··200克
葱··························2根
红辣椒····················1个
蒜仁·····················30克

调味料o

淀粉····················2大匙
胡椒盐···············1/2小匙

做法o

1. 把龙珠洗净、沥干；葱洗净切花；红辣椒、蒜仁洗净切末，备用。
2. 起一油锅，热油温至约180℃，将龙珠撒上一些干淀粉，放入油锅中以大火炸约1分钟至表面酥脆即可起锅。
3. 另起一锅，热锅后加入少许色拉油，以小火爆香葱花、蒜末、红辣椒末，再将龙珠入锅，加入胡椒盐，以大火快速翻炒均匀即可。

284 蒜苗炒海蜇头

材料

蒜苗……2根
海蜇头……250克
蒜仁……3粒
葱……2根
红辣椒……1个
水淀粉……少许

调味料

辣豆瓣酱……1大匙
盐……少许
白胡椒粉……少许
米酒……1大匙
香油……1小匙

做法

1. 先将海蜇头洗净，泡入冷水中约2小时去咸味，再切成小块状备用。
2. 蒜苗和葱洗净切斜片；蒜仁和红辣椒洗净切小片，备用。
3. 取一炒锅，加入1大匙色拉油，再放入做法2的材料，以中火先爆香。
4. 续放入海蜇头块和所有的调味料，以大火快速翻炒均匀，再以水淀粉勾薄芡即可。

Tips.料理小秘诀

海蜇皮时常被拿来凉拌，海蜇皮香Q的口感也广受欢迎。反而海蜇头因为许多人不知如何料理，所以不常利用，其实海蜇头的售价不仅较便宜，而且口感也不输海蜇皮，用来炒或烩都很适合。

285 蚝油海参

材料

海参（泡发）350克、干香菇6朵、上海青300克、胡萝卜适量、葱2根、姜1小块

调味料

A 蚝油1.5大匙、酱油1大匙、糖1/2小匙、高汤200毫升

B 香油少许、水淀粉少许、盐少许

做法

1. 葱洗净切段；姜洗净切片；胡萝卜洗净切片，备用。
2. 干香菇洗净，浸泡冷水至软后切半，放入适量油，将香菇炸至溢出香味，捞出备用。
3. 海参去沙肠切块洗净，放入沸水中氽烫去腥备用。
4. 另取锅烧水至沸腾后加入盐（分量外），再放入洗净的上海青氽烫至熟后，捞出排盘。
5. 热一锅，加入1大匙的油，将做法1的材料爆香后，加入海参块、香菇及调味料A，转小火焖煮约15分钟，再以水淀粉勾芡，淋入香油，最后盛到上海青上即可。

286 红烧海参

材料

海参……200克
竹笋片……40克
胡萝卜片……30克
上海青……200克
葱……2支
姜片……10克

调味料

A 高汤……200毫升
鸡粉……1/4小匙
糖……1/4小匙
蚝油……2大匙
胡椒粉……1/4小匙
B 水淀粉……1大匙
香油……1小匙

做法

1. 海参洗净后切大块，与竹笋片、胡萝卜片一起氽烫后冲凉；葱洗净切段；上海青洗净烫熟后铺在盘边装饰，备用。
2. 热锅，倒入少许油，以小火爆香葱段、姜片后，加入调味料A及其余做法1的材料。
3. 待煮沸约30秒，以水淀粉勾芡，起锅前洒上香油即可。

287 烩海参

材料

A 泡发海参300克、市售高汤100毫升、水淀粉2小匙

B 竹笋片80克、荷兰豆适量、胡萝卜片20克

调味料

蚝油1小匙、白胡椒粉1/4小匙、盐1/8小匙、糖1/4小匙、香油1/2小匙

煨料

姜片3片、葱段适量、蒜末1/2小匙、虾米1小匙、蚝油1大匙、高汤100毫升、盐1/4小匙

Tips.料理小秘诀

海参和玉米笋本身是没有味道的，若要食材更有滋味，可以将食材泡入热高汤中一段时间，再来料理会更入味。

做法

1. 将泡发海参放入滚水汆烫，捞起切块备用。
2. 将煨料中的姜片、葱段、蒜末和虾米炒香，加入其余的煨料材料，再放入海参块煮10分钟后，捞起沥干备用。
3. 取锅加入材料A的高汤、材料B所有材料、海参和所有调味料煮3分钟，最后再加入水淀粉勾芡即可。

288 海鲜炒面

材料

A 油面250克、葱段20克、洋葱丝25克、上海青段50克、红辣椒片10克

B 鱿鱼片60克、蛤蜊6颗、虾仁60克、鱼板片20克

调味料

酱油少许、盐1/2小匙、糖1/4小匙、米酒1大匙、乌醋少许、热水100毫升

做法

1. 热锅，加入2大匙色拉油，放入葱段、洋葱丝爆香，再放入所有材料B拌炒匀。
2. 锅中续加入油面、上海青段、红辣椒片、所有调味料，快炒均匀入味即可。

Tips.料理小秘诀

面条有很多种，虽然说都可以拿来制作炒面，但挑选不同的面条，炒出来的口感和所需的时间都不一样，使用熟面条像是油面和乌龙面，自然可以节省很多煮面的时间。

289 酥炸墨鱼丸

材料

墨鱼头……80克
鱼浆……80克
白馒头……30克
鸡蛋……1个

调味料

盐……1/4小匙
糖……1/4小匙
白胡椒粉……1/4小匙
香油……1/2小匙
淀粉……1/2小匙

做法

1. 墨鱼洗净切小丁、吸干水分，备用。
2. 白馒头泡水至软，挤去多余水分，备用。
3. 将做法1、做法2的材料加入鱼浆、鸡蛋、所有调味料混合搅拌匀，挤成数颗丸子状，再放入油锅中以小火炸约4分钟至金黄浮起，捞出沥油后盛盘即可。

Tips.料理小秘诀

选用墨鱼头来制作，会比选用整只墨鱼制作更便宜，同时加入鱼浆及馒头丁更增加分量，口感也会更有弹性喔！

290 沙茶鱿鱼

材料○

鱿鱼……300克
蒜仁……15克
嫩姜……15克
红辣椒……1个
罗勒……30克
热水……300毫升
红薯粉水……适量

调味料○

A 米酒……1大匙
盐……1/4小匙
鸡粉……1/3小匙
糖……1/2小匙
蚝油……1/3大匙
白胡椒粉……少许
B 沙茶酱……1大匙

做法○

1. 将处理好的鱿鱼洗净切花片备用。
2. 将蒜仁洗净去皮切片；嫩姜、红辣椒洗净皆切片；罗勒取嫩的部分备用。
3. 取锅烧热后倒入2大匙油，将蒜片、姜片与红辣椒片爆香，再放入鱿鱼片以大火快炒数下，续放入罗勒、米酒拌炒，再倒入热水。
4. 放进剩余的调味料A，煮至汤汁滚沸时，加入红薯粉水勾芡，起锅前加入沙茶酱拌匀即可。

291 三鲜煎饼

材料o

鱿鱼……………………50克
虾仁……………………50克
牡蛎……………………50克
葱花……………………15克
小白菜……………100克
中筋面粉……………70克
红薯粉………………60克
蛋液…………………1/2个
水………………140毫升

调味料o

盐…………………1/4小匙
鸡粉………………1/4小匙
白胡椒粉……………少许

做法o

1. 鱿鱼洗净切片；虾仁洗净去肠泥；牡蛎洗净沥干；小白菜洗净切段，备用。
2. 中筋面粉、红薯粉过筛，再加入水及蛋液一起搅拌均匀成糊状，静置约30分钟，再加入所有调味料、葱花、做法1的配料拌匀，即为三鲜面糊，备用。
3. 取一平底锅加热，倒入适量色拉油，再加入三鲜面糊，用小火煎至两面皆金黄熟透即可。食用时搭配五味酱风味更佳。

五味酱

材料：
蒜末5克、姜末5克、葱末5克、红辣椒末5克、香菜末5克

调味料：
酱油膏4大匙、番茄酱2大匙、乌醋1/2大匙、糖1大匙、热开水2大匙

做法：
先将热开水与糖拌匀，再加入其余调味料拌匀，最后加入所有材料混合拌匀即可。

292 辣味章鱼煎饼

面糊材料

中筋面粉……90克
玉米粉……30克
水……150毫升

调味料

辣椒酱……1大匙
盐……1/4小匙
柴鱼粉……1/4小匙
味醂……1小匙

配料

章鱼块……100克
包心菜片……150克
玉米粒……30克
葱花……25克
洋葱末……15克

做法

1. 中筋面粉、玉米粉过筛，再加入水一起搅拌均匀成糊状，静置约40分钟，备用。
2. 于做法1的材料中加入所有调味料及所有配料拌匀，即为辣味章鱼面糊，备用。
3. 取一平底锅加热，倒入适量色拉油，再加入辣味章鱼面糊，用小火煎至两面皆金黄熟透即可。

293 墨鱼芹菜煎饼

面糊材料

低筋面粉……80克
糯米粉……20克
红薯粉……30克
水……160毫升

调味料

盐……1/4小匙
糖……少许
白胡椒粉……少许
乌醋……少许

配料

墨鱼片……120克
芹菜末……50克
蒜苗丝……40克
红辣椒丝……10克
胡萝卜丁……15克

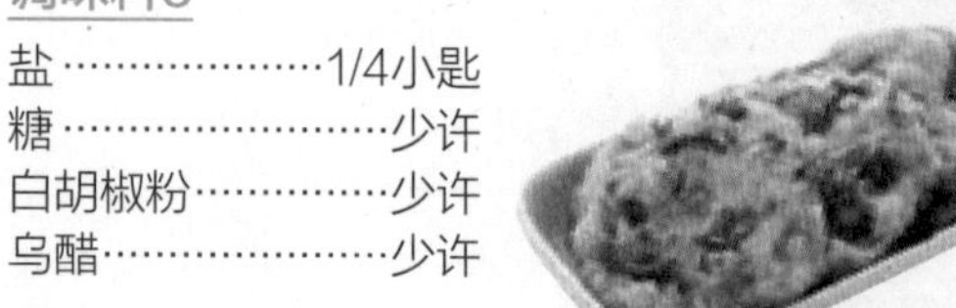

做法

1. 胡萝卜丁放入沸水中汆烫一下，再放入墨鱼汆烫一下，捞出备用。
2. 低筋面粉、糯米粉、红薯粉过筛，再加入水一起搅拌均匀成糊状，静置约40分钟，备用。
3. 于做法2的材料中加入所有调味料及所有配料拌匀，即为墨鱼芹菜面糊，备用。
4. 取一平底锅加热，倒入适量色拉油，再加入墨鱼芹菜面糊，用小火煎至两面皆金黄熟透即可。

红烧墨鱼仔

材料

墨鱼仔……3只
姜……5克
蒜仁……3粒
葱……1根
红辣椒……1/2个

调味料

酱油……1大匙
糖……1大匙
水……3大匙
鸡粉……1小匙
白胡椒粉……1小匙

做法

1. 将墨鱼仔的软骨直接抽出，洗净沥干备用（如图1）。
2. 姜、蒜仁和红辣椒洗净切片；葱洗净切段备用（如图2）。
3. 取锅，加入少许油烧热，放入做法2的材料爆香后，先加入混合拌匀的调味料，最后再放入墨鱼仔，煮至汤汁略收即可（如图3）。

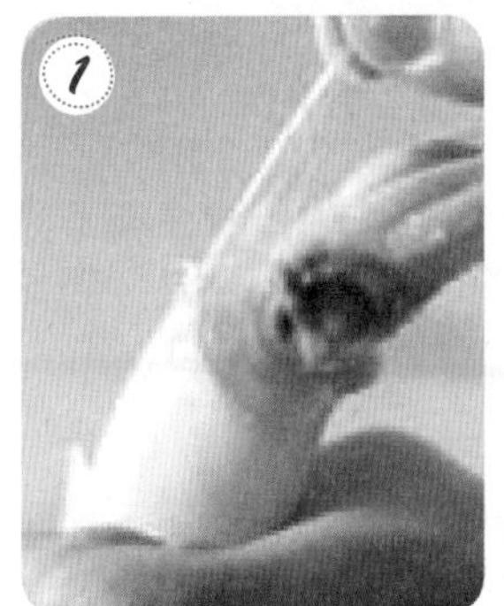

Tips.料理小秘诀

因为墨鱼仔易熟，所以先将调味料混合拌匀入锅后，再放入墨鱼仔煮至汤汁略收即可起锅，避免煮过长的时间，否则墨鱼仔肉质会老掉。

295 豆酱烧墨鱼仔

材料o

墨鱼仔……………200克
红辣椒………………1个
姜……………………20克
葱……………………1根

调味料o

黄豆酱……………3大匙
糖……………………1小匙
米酒…………………1大匙
水………………50毫升

做法o

1. 墨鱼仔洗净、挖去墨管，沥干；红辣椒洗净切丝；姜洗净切末；葱洗净切成葱丝，备用。
2. 热锅，加入少许色拉油，以小火爆香红辣椒丝、姜末后，放入所有调味料，待煮滚后放入墨鱼仔。
3. 等做法2的材料煮滚后，转中火煮至汤汁略收干，即可关火装盘，最后撒上葱丝即可。

296 卤墨鱼

材料

- 墨鱼……1只
- 姜片……3片
- 葱段……15克
- 红辣椒……1个
- 水……900毫升

调味料

- 酱油……100毫升
- 米酒……50毫升
- 糖……1/2大匙

做法

1. 墨鱼洗净备用。
2. 取一卤锅，放入姜片、葱段、红辣椒、水和所有调味料煮至滚沸，再放入墨鱼以小火卤约8分钟，熄火待凉后取出切片。
3. 再将墨鱼片放回卤汁中，待泡至入味后，取出沥干备用。
4. 取一盘，铺上菜叶再放入墨鱼片、红辣椒丝（分量外）装饰即可。

297 西红柿煮墨鱼

材料

- 西红柿……1个
- 墨鱼……2只
- 蒜末……1/2小匙
- 洋葱……1/8个
- 小黄瓜……50克
- 水……3大匙
- 水淀粉……1.5小匙

调味料

- 糖……1小匙
- 盐……1/2小匙
- 番茄酱……1大匙

做法

1. 墨鱼清理干净切花切块，再汆烫后洗净备用。
2. 洋葱、小黄瓜洗净切片；西红柿洗净切滚刀块，备用。
3. 热锅，倒入2大匙油，加入蒜末及做法2的材料，以小火炒约1分钟，再加入墨鱼片、水及所有调味料，以中火炒2分钟后，以水淀粉勾芡即可。

298 酸菜墨鱼

材料o

酸菜……150克
墨鱼……300克
包心菜……120克
葱……1根
蒜末……10克
姜末……10克
红辣椒末……5克
热水……350毫升
红薯粉水……适量

调味料o

盐……1/4小匙
鸡粉……1/2小匙
糖……2小匙
白醋……1小匙
乌醋……1小匙
白胡椒粉……少许
香油……少许

做法o

1. 将处理好的墨鱼洗净切成花片；酸菜、包心菜洗净切块；葱洗净切段，分为葱白与葱绿备用。
2. 锅中放进一半的水加热煮滚，将酸菜、包心菜块略为氽烫后捞起备用。
3. 取锅烧热后倒入1大匙油，将蒜末、姜末与葱白爆香，再放入墨鱼片以大火热炒数下。
4. 放入氽烫后的酸菜与包心菜块，以及红辣椒末与葱绿略为拌炒。
5. 加入热水，放进所有调味料，煮至汤汁滚沸时，以红薯粉水勾芡即可。

299 菠萝墨鱼

材料o

菠萝……150克
墨鱼……300克
黑木耳……40克
红甜椒……80克
葱……1根
蒜末……10克
热水……350毫升
水淀粉……适量

调味料o

盐……1/2小匙
鸡粉……1/2小匙
糖……1大匙
白醋……1/2大匙
番茄酱……1/3大匙
香油……少许

做法o

1. 将处理好的墨鱼洗净切花片备用。
2. 菠萝洗净去皮切片；黑木耳洗净切片；红甜椒洗净去籽切块；葱洗净切粒，分成葱白与葱绿备用。
3. 取锅烧热后倒入2大匙油，将葱白、蒜末爆香，再放入墨鱼片、菠萝片、黑木耳片与红甜椒块，以大火热炒数下。
4. 加入热水，放进所有调味料，煮至汤汁滚沸时，再以水淀粉勾芡，加入葱绿后，熄火即可。

300 四季豆墨鱼仔煲

材料○

四季豆……………300克
墨鱼仔……………350克
花豆………………60克
洋葱………………30克
胡萝卜……………20克
鲜香菇……………20克
红辣椒末…………10克
蒜仁………………30克

调味料○

水……………200毫升
盐…………………1小匙
糖…………………1大匙
酱油………………1小匙
香油………………1大匙
白胡椒粉…………1小匙

做法○

1. 墨鱼仔洗净去除头及内脏，切圈段；胡萝卜、洋葱洗净去皮切丁；四季豆洗净切小段；鲜香菇洗净切丁，备用。
2. 将胡萝卜丁及花豆放入水中（分量外）煮熟，取出沥干备用。
3. 热锅，倒入适量的油，放入洋葱丁、鲜香菇丁、红辣椒末、蒜头爆香，再放入墨鱼仔圈、四季豆段炒匀。
4. 加入胡萝卜丁、花豆及所有调味料炒匀，移入砂锅中，转小火焖煮至汤汁略收干即可。

301 酸辣鱿鱼煲

材料

泡发鱿鱼…………300克
酸菜……………………60克
肉泥……………………80克
粉条………………150克
葱段……………………20克
蒜末……………………20克
红辣椒片……………20克
水淀粉…………… 2大匙

调味料

水……………… 500毫升
糖……………………1大匙
酱油………………2大匙
米酒…………………1大匙
香油…………………1大匙
镇江醋……………1大匙

做法

1. 泡发鱿鱼、酸菜切片；粉条泡水至软，备用。
2. 热锅，倒入适量的油，放入肉泥、葱段、蒜末、红辣椒片爆香，放入鱿鱼片、酸菜片及所有调味料炒匀，捞起所有材料，留汤汁备用。
3. 将汤汁倒入砂锅中，加入粉条煮至略收汁，加入所有捞起的材料，再淋上水淀粉勾芡即可。

302 宫保墨鱼煲

材料

墨鱼……………………250克
洋葱……………………40克
小黄瓜………………30克
杏鲍菇………………100克
蒜仁……………………30克
干辣椒段……………50克
蒜味花生……………20克
水淀粉…………… 2大匙

调味料

水………………… 50毫升
糖……………………1大匙
酱油……………… 2大匙
香油…………………1大匙
镇江醋……………1大匙

做法

1. 墨鱼洗净去内脏切片；洋葱洗净去皮切块；小黄瓜、杏鲍菇洗净切块，备用。
2. 墨鱼、杏鲍菇放入沸水中烫熟备用。
3. 热锅，倒入适量的油，放入干辣椒段、蒜仁、洋葱爆香，加入墨鱼、杏鲍菇、小黄瓜及所有调味料炒匀。
4. 以水淀粉勾芡后，移入烧热的砂锅中，撒上蒜味花生拌匀即可。

303 酸甜鱿鱼羹

材料

鱿鱼……300克
蒜末……10克
葱段……10克
红辣椒末……10克
水……350毫升
泡菜……200克
水淀粉……适量
油葱酥……适量

调味料

盐……1/4小匙
鸡粉……1/4小匙
糖……1大匙
白醋……1大匙
乌醋……1/2大匙
辣椒酱……1/2大匙

做法

1. 将处理好的鱿鱼洗净切片备用。
2. 取锅烧热后倒入1大匙油，将蒜末、葱段、红辣椒末爆香。
3. 倒入水煮滚后，加入鱿鱼片、泡菜再度煮滚，续放进所有调味料，煮至汤汁滚沸时，加入水淀粉勾芡。
4. 熄火，加入油葱酥拌匀即可。

304 韩国鱿鱼羹

材料o

泡发鱿鱼……………1只
香菇……………………3朵
金针菇………………30克
干金针花……………10克
胡萝卜丝……………50克
柴鱼片…………………8克
油蒜酥………………10克
高汤…………2000毫升
香菜叶………………少许

调味料o

盐…………………1.5小匙
糖……………………1小匙
鸡粉……………1/2小匙
淀粉…………………50克
水…………………75毫升
辣椒油………………少许

做法o

1. 泡发鱿鱼洗净，头部切成小段，身体部分先以刀斜45° 对角方向切出花纹，再切成小片状备用。
2. 香菇洗净泡软后，切丝状；金针菇去蒂后洗净；干金针花泡软洗净后去蒂；将上述材料和胡萝卜丝一起放入滚水中略汆烫至熟，捞起放入盛有高汤的锅中以中大火煮至滚沸，再加入盐、糖、鸡粉、柴鱼片、油蒜酥及鱿鱼片续以中大火煮至滚沸。
3. 将淀粉和水调匀，缓缓淋入做法2的材料中，并一边搅拌至完全淋入，待再次滚沸后盛入碗中，趁热撒上香菜叶并淋上辣椒油即可。

Tips.料理小秘诀

韩国鱿鱼羹使用的泡发鱿鱼最好是买干鱿鱼回来自己泡发，使用刚发好的鱿鱼来做会比市场买的水发鱿鱼味道更好，吃起来更香脆。干鱿鱼的泡发方法是先将头部和身体分开，再浸泡在清水里6小时，其间需换水2次；接着再取10克的食用碱粉与2000毫升的清水调匀，再放入鱿鱼浸泡4小时，每小时需翻面1次；最后再以清水冲洗约1小时即可。

305 墨鱼羹

材料

墨鱼羹肉…………150克
麻笋…………50克
黄花菜…………10克
白萝卜…………100克
高汤…………1200毫升

调味料

A 淀粉…………2大匙
水…………3大匙
B 盐…………1/4小匙
糖…………1/8小匙
C 蒜酥…………5克
柴鱼片…………10克
D 乌醋…………适量
白胡椒粉…………适量
沙茶酱…………适量

做法

1. 将麻笋洗净切丝；白萝卜洗净切成5x3x1厘米的方块；黄花菜以冷水浸泡至软，再分别以滚水汆烫至熟；调味料A调成水淀粉备用。
2. 取适量的高汤，加入做法1的材料、墨鱼羹肉及调味料B调味煮至汤汁滚沸，放入蒜酥、柴鱼片拌匀。
3. 待汤汁再度微滚时转至小火，以边倒入水淀粉边用汤勺搅拌的方式勾芡成琉璃芡。
4. 食用前加入白胡椒粉、沙茶酱、乌醋拌匀即可。

306 墨鱼酥羹

材料

墨鱼250克、白菜200克、金针菇25克、鲜香菇2朵、胡萝卜20克、红薯粉适量、竹笋丝50克、蒜末10克、红辣椒末10克、水400毫升、水淀粉适量、米酒1小匙、白胡椒粉少许、蛋黄1个、淀粉少许

调味料

A 米酒1/2大匙、盐1/2小匙、鸡粉1/3小匙、冰糖1/2大匙、白醋1小匙
B 乌醋少许、白胡椒粉少许

做法

1. 将处理好的墨鱼洗净、切块，放入容器中，先加入盐、糖（分量外）、蒜末、姜末、米酒与白胡椒粉搅拌，再放入蛋黄与淀粉调匀，腌渍约30分钟备用。
2. 白菜洗净切条；金针菇洗净去蒂；鲜香菇洗净切丝；胡萝卜洗净去皮切长片备用。
3. 将腌好的墨鱼块沾上红薯粉，放入油锅中炸至浮起呈金黄色，捞出沥干油，即为墨鱼酥备用。
4. 取锅烧热后倒入2大匙油，将蒜末爆香，放入白菜条、金针菇、香菇丝、胡萝卜片与竹笋丝炒软，续加入水，煮滚后放入所有调味料A炒匀。
5. 待煮至汤汁滚沸时，加入水淀粉勾芡，再放入墨鱼酥，起锅前放入所有调味料B拌匀即可。

豆豉蒸墨鱼仔

材料

墨鱼仔……（约180克）3只
葱丝……20克
姜丝……15克
红辣椒丝……5克

调味料

豆豉……20克
米酒……10毫升
酱油……15毫升

做法

1. 将墨鱼仔洗净，排放在盘中，加入混合拌匀的调味料，盖上保鲜膜，放入电锅中，于外锅加入1／2杯水，按下开关待电锅开关跳起后取出。
2. 在墨鱼仔上，放入葱丝、姜丝和红辣椒丝即可。

308 豆豉汁蒸墨鱼

材料

墨鱼……140克
青椒……5克
黄甜椒……5克
洋葱……5克

调味料

豆豉汁……2大匙

做法

1. 墨鱼洗净后去膜去软骨，先切十字刀再切块；青椒、黄甜椒洗净后切小块；洋葱剥皮后切小块。
2. 将做法1的材料混合，放入蒸盘中，淋上调味料。
3. 取一中华炒锅，锅中加入适量水，放上蒸架，将水煮至滚。
4. 将做法2的蒸盘放在做法3的蒸架上，盖上锅盖以大火蒸约10分钟即可。

豆豉汁

材料：

豆豉50克、姜30克、蒜仁30克、红辣椒10克、蚝油2大匙、酱油1大匙、米酒3大匙、糖2大匙、白胡椒粉1小匙、香油2大匙

做法：

（1）姜洗净切末；蒜仁洗净切末；红辣椒洗净切末备用。
（2）取一锅，将其余材料加入，再放入做法1的材料拌匀，煮至滚沸即可。

309 香蒜沙茶鱿鱼

材料o

鱿鱼……140克
姜丝……10克
红辣椒末……10克

调味料o

香蒜沙茶酱……2大匙

做法o

1. 鱿鱼洗净后去膜和软骨，先切十字刀，再切成块。
2. 将鱿鱼块放入蒸盘上，淋上调味料。
3. 取一中华炒锅，锅中加入适量水，放上蒸架，将水煮至滚。
4. 将做法2的蒸盘放在做法3的蒸架上，盖上锅盖以大火蒸约5分钟。
5. 做法4的材料取出后摆上红辣椒末和姜丝，淋上适量热油即可。

香蒜沙茶酱

材料：
蒜仁50克、沙茶酱200克、糖1大匙、白胡椒粉1小匙、米酒2大匙

做法：
（1）蒜仁洗净切末。
（2）取一锅，加入蒜末和其余调味料，混合煮滚即可。

310 蒜泥小章鱼

材料

蒜泥……………………50克
小章鱼………（约8只）120克
豆腐…………………………1块
葱末……………………20克
红辣椒末…………10克
色拉油…………100毫升
香油………………50毫升

调味料

鱼露……………… 50毫升

做法

1. 小章鱼洗干净，沥干备用。
2. 豆腐略冲水，分切成四方小块，铺在盘底。
3. 将小章鱼铺在豆腐块上，再淋上鱼露、蒜泥，盖上保鲜膜，放入电锅中，外锅加入1/3杯水，至开关跳起后取出。
4. 在小章鱼上，放上葱末和红辣椒末，再淋上色拉油和香油混合后的热油即可。

311 彩椒蛋黄镶鱿鱼

材料

红甜椒………………10克
黄甜椒………………10克
压碎的咸鸭蛋黄……2个
鱿鱼…（约350克）1只
四季豆丁……………20克
牙签……………………3支

调味料

盐…………………………少许
白胡椒粉……………少许
香油…………………1小匙

做法

1. 鱿鱼先去头，再将内脏取出洗净沥干备用。
2. 红甜椒、黄甜椒洗净切小丁状备用。
3. 取大容器，放入四季豆丁、压碎的咸鸭蛋黄和红甜椒丁、黄甜椒丁混合拌均匀。
4. 取鱿鱼，将做法3的所有材料慢慢填入鱿鱼内，再使用牙签封口备用。
5. 将塞好的鱿鱼放入在锅中，以小火蒸约10分钟即可，取出切片盛盘。

312 和风墨鱼卷

材料

墨鱼……150克
西芹……20克
姜……10克
胡萝卜……10克
茭白……50克
葱……10克

调味料

和风酱……3大匙

做法

1. 墨鱼洗净，去皮膜及软骨，切波浪刀，再切块状。
2. 西芹洗净去粗茎，切段；胡萝卜洗净削去外皮后切片；茭白洗净切片；葱洗净切段，备用。
3. 将做法2的材料放入滚水中，略为汆烫，捞起沥干水分，再和墨鱼块混合，放入蒸盘中，淋上调味料。
4. 取一中华炒锅，锅中加入适量水，放上蒸架，将水煮至滚。
5. 将做法3的蒸盘放在做法4的蒸架上，盖上锅盖以大火蒸约7分钟即可。

和风酱

材料：
日式酱油3大匙、味醂2大匙、米酒1大匙

做法：
取一锅，将所有材料加入，混合均匀，煮至滚沸即可。

313 泡菜鱿鱼

材料

鱿鱼……170克
小黄瓜……40克
玉米笋……30克
洋葱……20克
白果……20克

调味料

泡菜酱汁……2大匙

做法

1. 鱿鱼洗净后去膜去软骨，先切十字刀再切块；小黄瓜、玉米笋洗净后切块；洋葱去皮后切块，备用。
2. 将做法1的材料和白果混合均匀，放入蒸盘中，再淋上调味料。
3. 取一中华炒锅，锅中加入适量水，放上蒸架，将水煮至滚。
4. 将做法2的蒸盘放在做法3的蒸架上，盖上锅盖以大火蒸约6分钟即可。

泡菜酱汁

材料：
韩式泡菜100克、泡菜汁150毫升、姜30克、糖2大匙、米酒2大匙

做法：
（1）泡菜和姜皆切末。
（2）取一锅，将所有材料加入，混合均匀，煮至滚沸即可。

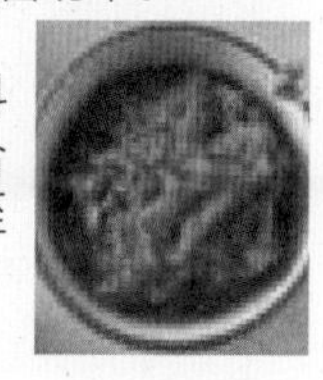

314 烤鱿鱼

材料

新鲜鱿鱼……2只
茭白……2根

调味料

沙茶酱……1大匙
酱油膏……1大匙
辣椒酱……1/2大匙
米酒……1大匙
糖……1/2大匙
色拉油……1/2大匙

做法

1. 新鲜鱿鱼洗净，沥干水分，于体表轻划数刀；茭白洗净切段，以铝箔纸包好备用。
2. 所有调味料搅拌均匀备用。
3. 将鱿鱼以做法2的调味料腌约15分钟。
4. 将鱿鱼、茭白置于烤架上，放进已预热的烤箱中，以200℃烤约10分钟，先取出茭白。
5. 将鱿鱼刷上做法2的调味料续烤5分钟即完成。

Tips.料理小秘诀

沙茶酱和鱿鱼、鱿鱼等这类软管类的海鲜味道相当契合，因此通常在烤这类海鲜的酱料中少不了沙茶酱这一味。但是因为烤的过程中食材容易出水冲淡酱料的味道，而让食材不易入味，因此可以将食材先腌过，不用重复刷酱久烤也能轻易入味。

315 胡椒烤鱿鱼

材料o

新鲜鱿鱼……………2只

调味料o

粗胡椒粒………1/4小匙
酱油……………1/4小匙

做法o

1. 新鲜鱿鱼处理完毕，剪开身体；粗胡椒粒压碎，备用。
2. 烤箱预热至180℃，放入鱿鱼烤约10分钟至熟（烤至一半打开烤箱刷上酱油）。
3. 取出鱿鱼撒上粗胡椒碎即可。

316 蒜蓉烤海鲜

材料o

墨鱼圈……………100克
鲷鱼片……………100克
蛤蜊……………………4个
白虾……………………4只
蒜末……………1/2大匙
罗勒叶………………适量

调味料o

盐…………………1/4小匙
米酒………………1/2大匙

做法o

1. 鲷鱼片洗净切适当大小片状；蛤蜊浸水吐沙；白虾洗净去除头及壳留尾，备用。
2. 取1张铝箔纸，放入做法1的所有材料、墨鱼圈、蒜末，加入所有调味料，将铝箔纸包起备用。
3. 烤箱预热至180℃，放入做法2的材料烤约5分钟至熟后取出。
4. 打开铝箔纸加入罗勒叶，再包上铝箔纸焖一下，至罗勒叶变软即可。

Tips.料理小秘诀

因为材料中就带有汤汁，食材在烤的过程中就不会沾粘，因此铝箔纸上就不用涂上色拉油了，以免过于油腻。

317 沙茶烤鱿鱼

材料

鱿鱼……1只
蒜苗……2根
蒜仁……2粒
红辣椒……1/2个

调味料

沙茶酱……2大匙
盐……适量
白胡椒粉……适量

做法

1. 鱿鱼洗净沥干，在鱿鱼身上划数刀放入烤盘中备用。
2. 将蒜苗、蒜头和红辣椒洗净，切碎末和所有调味料放入容器中混合拌匀，均匀抹在鱿鱼上。
3. 将做法2的材料放入已预热的烤箱中，以上火190℃／下火190℃烤约15分钟即可。

Tips.料理小秘诀

鱿鱼烤了容易弯曲，所以除了软骨不刻意取出外，可插入竹签固定烤出的外型。另外在鱿鱼尾部划上几刀，也可让烤出的尾部形状略卷曲，外观较好看。

318 蒜味烤鱿鱼

材料

鱿鱼……………………3只
柠檬……………………1个

调味料

蒜味烤肉酱…………适量

做法

1. 鱿鱼洗净，从身体垂直剖开，清除内脏后，将鱿鱼摊平；柠檬切瓣，备用。
2. 将鱿鱼放入沸水中汆烫约30秒，捞起以竹签串起。
3. 将鱿鱼平铺于网架上以中小火烤约12分钟，并涂上适量的蒜味烤肉酱。
4. 食用时，将柠檬瓣挤汁淋在烤好的鱿鱼上即可。

Tips.料理小秘诀

因为鱿鱼肉质厚，烤鱿鱼时可以先行汆烫，加快烤熟的速度，但千万别汆烫过久，否则鱿鱼肉质会变硬，且会卷曲起来，反而不容易烤。

蒜味烤肉酱

材料：
蒜仁40克、酱油膏100克、五香粉1克、姜10克、冷开水20毫升、米酒20毫升、黑胡椒粉2克、糖25克

做法：
将所有材料放入果汁机内打成泥状即可。

319 五味烤鱿鱼

材料

鱿鱼……………………2只

调味料

五味烧肉酱……200克

做法

1. 鱿鱼清理干净剖开。
2. 将清理好的鱿鱼放上网架，两面翻烤不断涂上五味烧肉酱，烤约3分钟即可食用。

五味烧肉酱

材料：

牛西红柿300克、红辣椒80克、蒜仁50克、葱2根、姜80克、糖100克、盐8克、酱油10毫升、冷开水100毫升

做法：

（1）牛西红柿洗净，顶端划十字，放入滚水中汆烫1分钟后，捞起剥皮；红辣椒洗净去蒂、蒜头、姜洗净切碎备用。

（2）将做法1的材料放入搅拌机或果汁机中，加入糖、盐、酱油、冷开水，搅打成泥状即可。

320 炸酱烤鱿鱼

材料

鱿鱼·（约200克）1只
蘑菇……………………2朵

调味料

炸酱………………2大匙
糖……………………少许

做法

1. 将鱿鱼洗净后，擦干水分，再插入1根竹签串定型。
2. 将蘑菇洗净刻花，再放入滚水中汆烫过水备用。
3. 再将鱿鱼涂上炸酱与少许的糖，再放入预热好约190℃的烤箱中，烤约10分钟。
4. 将烤好的鱿鱼放入盘中，再将汆烫好的蘑菇放旁边装饰即可。

321 沙拉海鲜

材料○

墨鱼……150克
虾仁……150克
鲷鱼……150克
文蛤……150克
美生菜……50克
豆芽……30克
苜蓿芽……30克
小西红柿……3个
柠檬皮……少许

调味料○

盐……少许
柠檬汁……2大匙
白酒醋……1大匙
胡椒粉……少许
橄榄油……1大匙

做法○

1. 墨鱼洗净切片；虾仁洗净去肠泥，背部轻划一刀，备用。
2. 鲷鱼洗净切片；文蛤浸泡冷水吐沙，备用。
3. 将做法1的材料放入已预热的烤箱中，以200℃烤约10分钟后，取出备用。
4. 将所有调味料混拌均匀，加入少许柠檬皮。
5. 将美生菜、豆芽、苜蓿芽、小西红柿洗净装盘，放进做法3的海鲜，淋上做法4的酱汁即成。

322 白灼墨鱼

材料o

墨鱼……………………2只
姜……………………10克
葱……………………15克
红辣椒………………少许

调味料o

盐…………………1/4小匙
糖…………………1/4小匙
酱油…………………2大匙
冷开水………………2大匙
鸡粉………………1/4小匙

做法o

1. 墨鱼清理干净切花后切片；葱、姜、红辣椒洗净切丝，备用。
2. 所有调味料混合成鱼汁备用。
3. 将墨鱼汆烫至熟盛盘，撒上姜丝、葱丝、红辣椒丝，蘸上鱼汁食用即可。

Tips.料理小秘诀

墨鱼切花后汆烫要卷得漂亮，从墨鱼的内侧切花，汆烫就能卷起，如果从外侧切花，汆烫后卷曲度不明显，可以视个人需求决定。

323 凉拌墨鱼

材料

墨鱼…（约180克）2只
芹菜段……………60克
小西红柿…………50克
蒜末………………20克
香菜末……………10克
红辣椒末……………5克

调味料

鱼露……………30毫升
糖…………………10克
柠檬汁…………20毫升

做法

1. 将墨鱼洗净，取出内脏后，剥除外皮，切成圈状，放入滚水中汆烫；小西红柿洗净对切备用。
2. 取1个大容器，将所有调味料先混合拌匀后，再加入墨鱼、芹菜段、小西红柿、蒜末、香菜末和红辣椒末混合拌匀即可。

324 五味章鱼

材料

小章鱼……………200克
姜……………………8克
蒜仁………………10克
红辣椒………………1个

调味料

番茄酱……………2大匙
乌醋………………1大匙
酱油膏……………1小匙
糖…………………1小匙
香油………………1小匙

做法

1. 把姜、蒜仁、红辣椒洗净切末，再与所有调味料拌匀即为五味酱。
2. 小章鱼放入滚水中汆烫约10秒后，即捞起装盘，食用时佐以五味酱即可。

325 台式凉拌什锦海鲜

材料

鱿鱼圈……………120克
海参……………………1条
蛤蜊…………………10粒
虾仁…………………10只
黑木耳丝……………50克
小黄瓜丝……………50克
小西红柿……………50克
葱 ……………………1根
姜片……………………2片

调味料

米酒………………5毫升
酱油……………20毫升
糖 ……………………5克
盐 …………………适量
香油……………10毫升
白胡椒粉…………适量

做法

1. 取一汤锅，加入海参、姜片、米酒及可淹过食材的水，一起煮约6分钟去除腥味，再将海参取出以斜刀切片备用。
2. 蛤蜊用加盐的冷水泡1~2小时吐沙，再捞起放入滚水中煮至开口后捞出备用。
3. 虾仁、鱿鱼圈分别用滚水汆烫再取出泡冰水；黑木耳丝用滚水汆烫、捞起沥干；小西红柿洗净对切；葱洗净、切丝备用。
4. 取一调理盆，将做法1、做法2、做法3的所有海鲜材料、黑木耳丝、小黄瓜丝、葱丝及其余调味料一起放入混合拌匀、盛盘即可。

326 醋味拌墨鱼

材料

墨鱼……1只
芹菜……2根
姜……7克
葱……2根

调味料

白醋酱……适量

做法

1. 首先将墨鱼洗净去内脏，切成小圈状，再放入滚水中汆烫捞起备用。
2. 再将芹菜与葱洗净切段，姜洗净切丝，都放入滚水中汆烫过水备用。
3. 最后将做法1、做法2的所有材料搅拌均匀，再淋入白醋酱即可。

白醋酱

材料：
糯米醋3大匙、糖1小匙、盐少许、黑胡椒粉少许
做法：
将所有材料混合均匀，至糖完全溶解即可。

327 水煮鱿鱼

材料

水发鱿鱼……1只
新鲜罗勒……3根

调味料

芥末酱油……适量

做法

1. 首先将水发鱿鱼切成交叉划刀，再切成小段状备用。
2. 将切好的鱿鱼段放入滚水中，汆烫过水后捞起沥干，拌入新鲜罗勒摆盘备用。
3. 食用时再搭配芥末酱油即可。

备注：若不敢吃芥末的人，可以改蘸沙茶酱唷！

芥末酱油

材料：
芥末酱1小匙、酱油2大匙
做法：
将所有材料混合均匀即可。

328 糖醋鱿鱼丝

材料

鱿鱼肉……100克
小黄瓜……80克
红辣椒丝……8克
蒜末……5克
姜丝……10克

调味料

糖……1大匙
白醋……1大匙
番茄酱……2小匙
香油……1大匙

做法

1. 鱿鱼肉洗净切丝；小黄瓜洗净切丝备用。
2. 将鱿鱼丝放入沸水中汆烫30秒，捞起沥干放凉后盛入碗中。
3. 加入小黄瓜丝、红辣椒丝、蒜末、姜丝和所有的调味料混合拌匀即可。

329 姜醋鱿鱼

材料

姜……1小块
姜丝……适量
干鱿鱼……1只
葱……1根

调味料

白醋……1/2大匙
乌醋……1大匙
姜泥……1大匙
酱油……1大匙
酱油膏……2大匙
糖……1/2大匙
冷开水……2大匙

做法

1. 将所有调味料混合搅拌均匀，即为姜醋汁备用。
2. 干鱿鱼放入容器中，加入可淹过鱿鱼的水及少许盐（材料外），搅拌均匀浸泡约8小时，再捞出洗净备用。
3. 将鱿鱼切小片状；葱洗净切段；姜洗净切片，备用。
4. 取一锅，加入半锅水，放入葱段、姜片煮滚，再加入鱿鱼片略汆烫。
5. 沥干鱿鱼片后盛盘，放入姜丝、淋上姜醋汁即可。

330 泰式凉拌墨鱼

材料

墨鱼身……………300克
柠檬……………………1/2个
洋葱丝…………………适量
胡萝卜丝………………50克
姜丝……………………20克
蒜泥……………………20克
香菜……………………少许

调味料

鱼露…………………2小匙
糖……………………2小匙
泰式辣味鸡酱……1大匙

做法

1. 将墨鱼身洗净切成花状，再用沸水汆烫约2分钟后，过冰水，沥干水分备用。
2. 柠檬挤汁，再将挤完汁的柠檬切成小丁状，放入碗中，加入烫好的墨鱼身、洋葱丝、胡萝卜丝、姜丝、蒜泥、鱼露、糖及泰式辣味鸡酱，并搅拌数分钟，腌一下放入冷藏室冰约30分钟。
3. 食用时再撒上少许洗净的香菜即可。

331 泰式凉拌鱿鱼

材料

中型鱿鱼……(约200克)1只
青椒圈…………………适量
洋葱圈…………………适量
西红柿片………………适量
红辣椒末………………1个
蒜末……………………适量

调味料

鱼露………………50毫升
柠檬汁……………50毫升
橄榄油……………150毫升

做法

1. 将鱿鱼洗净切成0.2厘米宽度的圈状，放入滚水中汆烫至熟，取出泡入冰开水中至凉、捞起沥干备用。
2. 取一碗，放入所有调味料与红辣椒末、蒜末一起拌匀成淋酱备用。
3. 将鱿鱼及青椒圈、洋葱圈、西红柿片摆盘后，均匀淋上淋酱即可。

332 泰式鲜蔬墨鱼

材料

墨鱼……200克
小西红柿……5个
新鲜蘑菇……20克
玉米笋……3根
蒜末……10克
红辣椒末……10克
红葱头片……适量

调味料

柠檬汁……20毫升
鱼露……50毫升
糖……20克
酱油……适量

做法

1. 墨鱼洗净切片放入滚水中汆烫至熟，以冷开水冲凉、捞起；小西红柿洗净后对切，备用。
2. 新鲜蘑菇洗净、切片；玉米笋洗净后斜切小段；将蘑菇片与玉米笋段皆汆烫后捞起，备用。
3. 取一碗，将所有调味料的材料混匀成酱汁备用。
4. 取一调理盆，放入做法1、做法2的材料与其余材料及酱汁搅拌均匀后盛盘即可。

333 泰式辣拌小章鱼

材料o

小章鱼……………200克
葱花…………………20克
莴苣叶………………3片
蒜末…………………10克
红辣椒末………1/2小匙
红葱头片……………30克

调味料o

柠檬汁…………20毫升
鱼露……………50毫升
糖……………………20克

做法o

1. 小章鱼洗净后放入滚水中汆烫至熟，以冷开水冲凉、捞起备用。
2. 莴苣叶洗净、切粗丝备用。
3. 取一碗，放入所有调味料混合均匀成酱汁备用。
4. 取一调理盆，将做法1、做法2的材料及其余的材料放入碗中，再与酱汁一起拌匀盛盘即可。

334 意式海鲜沙拉

材料o

鲜虾……6只
墨鱼……1只
蛤蜊……10粒
蟹肉……100克
红甜椒丝……1/2个
巴西里碎……1大匙
酸豆……20克

调味料o

橄榄油……100毫升
白酒醋……30毫升
盐……适量
白胡椒粉……适量

做法o

1. 鲜虾去壳，挑去沙肠后洗净；墨鱼洗净、切圈状；蛤蜊洗净、剥开备用。
2. 将所有做法1的材料及蟹肉，撒上适量盐、白胡椒粉一起放入蒸锅中蒸至熟。
3. 巴西里碎、酸豆、橄榄油、白酒醋及适量盐、白胡椒粉一起搅拌均匀，再加入红甜椒丝拌匀，最后加入蒸熟的海鲜材料一起拌匀后盛盘即可。

335 萝卜墨鱼蒜香沙拉

材料o

墨鱼片……120克
白萝卜丝……150克
葱丝……100克
苜蓿芽……50克

调味料o

蒜末……5克
盐……适量
白胡椒粉……适量
酱油……25毫升
柠檬汁……20毫升
色拉油……120毫升

做法o

1. 墨鱼片放入滚水中汆烫，再取出泡入冰水中至凉、捞起备用。
2. 白萝卜丝和葱丝放入冷开水浸泡，使其保持清脆口感，再捞起沥干水分备用。
3. 取一调理盘，倒入蒜末及其余调味料一起充分拌匀成酱汁备用。
4. 另取一调理盆，放入做法1和做法2的材料混合后盛盘，再放上苜蓿芽装饰，食用前淋上酱汁，拌匀即可。

336 梅酱淋鱿鱼

材料o

鱿鱼……………300克
姜片……………30克
姜末……………20克
米酒……………1大匙

调味料o

泰式梅酱…………1大匙
（做法请见P.133）
鱼露……………1小匙
柠檬汁……………少许

做法o

1. 鱿鱼洗净去膜及内脏，切成约1厘米宽的鱿鱼圈。
2. 取一锅水，加进姜片、米酒，将水煮沸，将鱿鱼圈下锅汆烫约1分钟后取出，过冰水备用。
3. 泰式梅酱加入姜末、鱼露拌匀。
4. 将鱿鱼圈置于盘内，淋上调好的泰式梅酱即完成。食用时，可以加入少许柠檬汁，增加香气。

337 凉拌海蜇皮

材料o

海蜇皮……………300克
胡萝卜……………30克
小黄瓜……………50克
蒜末……………10克
红辣椒末…………10克
香菜……………少许

调味料o

盐……………1小匙
鸡粉……………1/4小匙
糖……………1小匙
香油……………1小匙
白醋……………1小匙

做法o

1. 海蜇皮浸泡清水约1小时，捞出放入沸水中汆烫一下，捞出沥干备用。
2. 胡萝卜洗净切丝；小黄瓜洗净切丝，加入盐1/2小匙，腌约10分钟，再用冷开水冲洗沥干，备用。
3. 将海蜇皮、小黄瓜丝、胡萝卜丝、蒜末、红辣椒末及其余调味料混合拌匀后，放入冰箱冰凉后取出，加入香菜即可。

贝类料理篇

文蛤、蚬和海瓜子，还有大多数人爱吃的牡蛎、料理不可缺少的干贝，都是现在市场上很容易买到的贝类。不论是吃火锅、烧烤、热炒、还是小吃，都可以见到这些贝类的踪迹，尤其是许多海鲜餐厅，更是将牡蛎、干贝列为高级食材。

贝类有着好吃、易熟的特色，但是因为其生长环境的关系，壳里很容易会夹带着细沙而影响美味，因此料理前的处理步骤可说是相当重要。要如何才能将贝类料理做得好？赶紧跟着大厨学私房料理秘诀，轻松上菜吧！

贝类的挑选、处理诀窍大公开

怎么挑选新鲜贝类

观察贝类在水中的样子，如果在水中壳微开，且会冒出气泡，再拿出水面，壳就会立刻紧闭就是很新鲜的状态；而不新鲜的贝类，放在水中会没有气泡，且拿出水面壳会无法闭合。

再观察其外壳有无裂痕、破损，正常来说若没受外力撞击，新鲜贝类的外壳应该是完整无缺的。

拿2个互相轻敲，新鲜的贝类应该呈现清脆的声音；若声音沉闷就表示已经不新鲜了，不要购买。

牡蛎完美清洗技术大公开

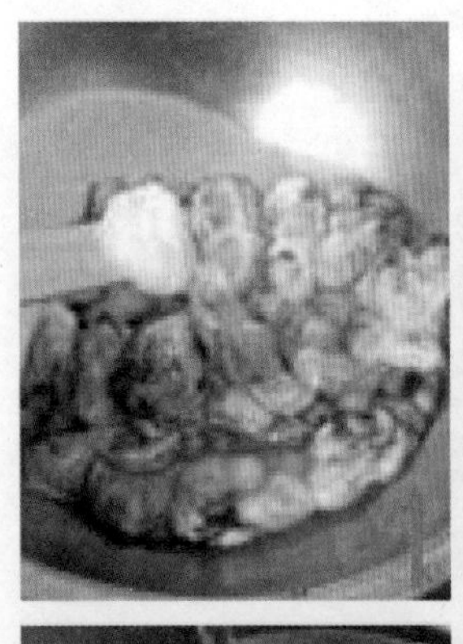

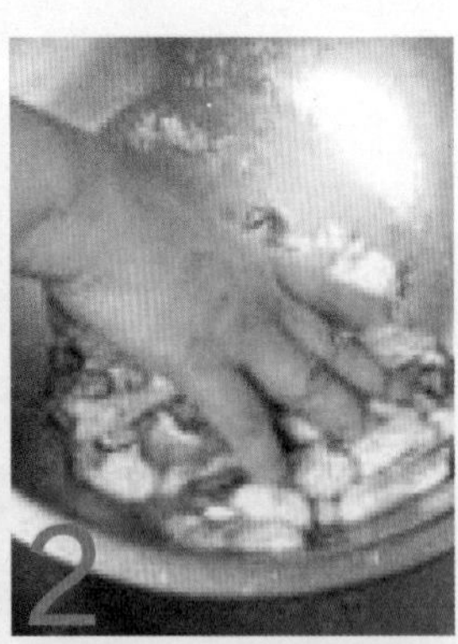

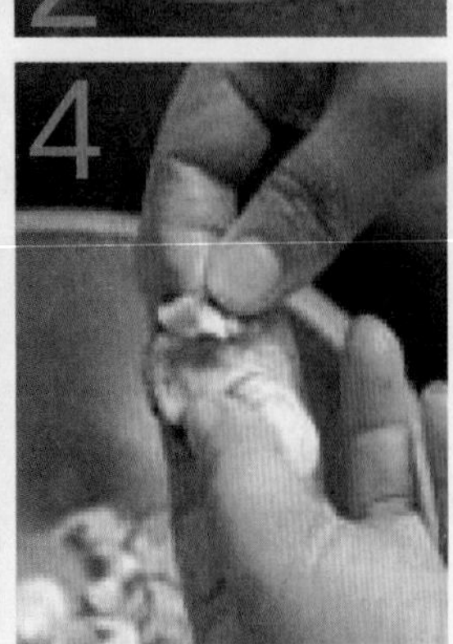

处理方法

1. 取一容器放入牡蛎和盐。
2. 用手轻轻抓拌均匀。
3. 将牡蛎用流动的清水冲洗干净。
4. 仔细挑出粘在牡蛎身上的细小壳即可。

贝类这类带壳海鲜可不像鱼或软管类摸一摸、压一压就能知道新不新鲜，要正确地选到新鲜又美味的贝类海鲜，可是有诀窍的。现在就快将这有效的挑选法掌握好，就能轻松挑选到你想要的新鲜贝类了。

贝类处理步骤

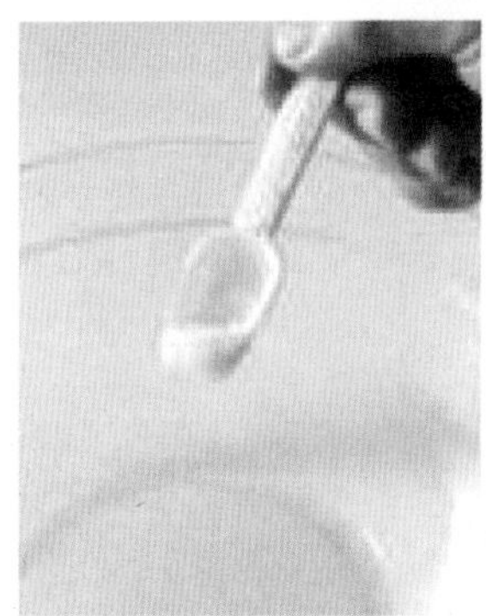

1 装1盆干净水，于水中加入少许盐。

2 将贝类放入加盐的水中。

3 让贝类泡在水中静置吐沙。

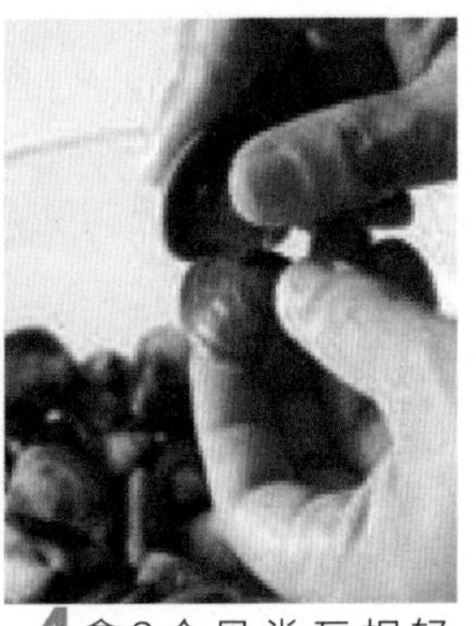

4 拿2个贝类互相轻敲，新鲜的会有清脆的声音。

5 不新鲜的贝类口不会闭合，且会有腥臭味。

6 将吐完沙、挑选过的贝类洗净。

尝鲜保存小妙招

购买前事先询问老板，贝类为海生或淡水养殖的。若是生长在海水中的贝类，要用加了少许盐的冷水浸泡约2小时，使其吐沙干净，再沥干水分放入冰箱冷藏，如此贝类可存活5~7天；而淡水养殖的则以清水浸泡2小时，使其吐沙干净后，换干净的清水浸泡置于阴凉处，贝类可存活4~5天。只是没有摄饵的贝类在存放数天以后肉质会变瘦。

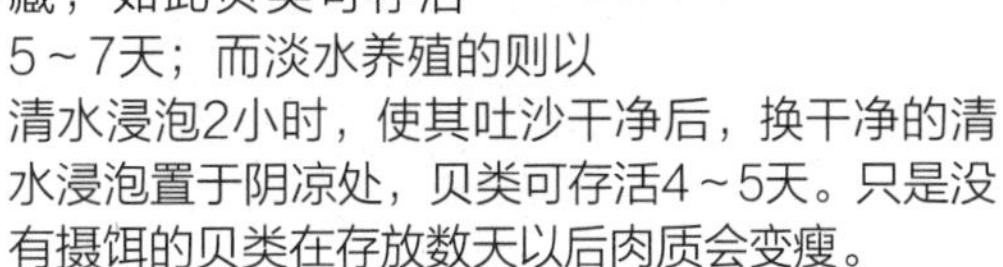

338 炒蛤蜊

材料

蛤蜊……………… 150克
葱 ……………………… 1根
蒜仁…………………… 3粒
红辣椒 …………… 1/2个
罗勒………………… 10克

调味料

糖 …………………… 1小匙
酱油膏 ………… 2大匙

做法

1. 蒜仁洗净切末；红辣椒洗净切圆片；葱洗净切小段；蛤蜊泡水吐沙，备用。
2. 热锅倒入适量的油，放入蒜末、红辣椒片、葱段爆香。
3. 加入蛤蜊后盖上锅盖，焖至蛤蜊壳打开，再加入所有调味料炒匀。
4. 最后加入罗勒炒熟即可。

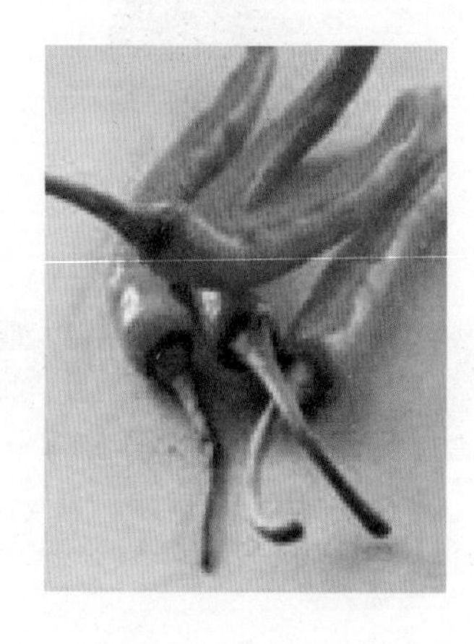

339 辣酱炒蛤蜊

材料

蛤蜊……300克
葱段……30克
姜片……30克
红辣椒……1个
罗勒……30克
橄榄油……1大匙

调味料

泰式辣味鸡酱……1小匙
鱼露……1小匙
米酒……1大匙
糖……1小匙

做法

1. 将蛤蜊放入盐水中吐沙；红辣椒洗净切斜片备用。
2. 取一锅，加入橄榄油，放入葱洗净段、姜片、红辣椒片爆香，再加入泰式辣味鸡酱、鱼露、蛤蜊以大火拌炒。
3. 再加入米酒及糖，等蛤蜊开口时再加入罗勒拌炒一下即可。

340 蚝油炒蛤蜊

材料

蛤蜊……500克
姜……20克
红辣椒……2个
蒜仁……6粒
罗勒……20克
葱段……适量

调味料

A 蚝油……2大匙
糖……1/2小匙
米酒……1大匙
B 水淀粉……1小匙
香油……1小匙

做法

1. 将蛤蜊用清水洗净；罗勒挑去粗茎并用清水洗净沥干；姜洗净切成丝状；蒜仁洗净切末；红辣椒洗净切片。
2. 取锅烧热后加入1大匙色拉油，先放入姜丝、蒜末、红辣椒片爆香，再将蛤蜊及所有调味料A放入锅中，转中火略炒匀。
3. 待煮开后偶尔翻炒几下，炒至蛤蜊大部分开口后，转大火炒至水分略干，最后用水淀粉勾芡，再放入罗勒、葱段及香油略炒几下即可。

341 西红柿炒蛤蜊

材料

蛤蜊……350克
西红柿块……200克
芹菜段……30克
葱段……30克
蒜片……10克

调味料

盐……1/4小匙
糖……1小匙
番茄酱……1大匙
米酒……1大匙

做法

1. 热锅，加入2大匙色拉油，放入蒜片、葱段爆香，再加入西红柿块拌炒，接着放入蛤蜊炒至微开。
2. 加入所有调味料、芹菜段，炒至蛤蜊张开且入味即可。

Tips.料理小秘诀

蛤蜊必须要吐沙完毕才能烹煮，所以常常会浪费不少等待时间，其实可利用假日先处理完成，后续使用就方便多了，大大节省了烹调时间。

342 普罗旺斯文蛤

材料

文蛤……200克
培根……30克
小西红柿……6个
洋葱末……20克
蒜末……20克
罗勒末……10克

调味料

盐……适量
黑胡椒粉……适量
米酒……20毫升

做法

1. 文蛤外壳洗净，待其吐沙后备用。
2. 小西红柿洗净对剖成2等份；培根切小丁备用。
3. 取炒锅，加入色拉油，放入培根丁煎炒至略焦后，加入洋葱末、蒜末，翻炒至香味溢出。
4. 续加入文蛤、小西红柿和调味料略翻炒，加盖焖至文蛤开口后，再放入罗勒末即可。

343 罗勒炒海瓜子

材料

罗勒……50克
海瓜子……300克
红辣椒……1/2个
蒜末……1/2小匙
水……1/2碗
水淀粉……1小匙

调味料

酱油膏……1大匙
乌醋……1小匙
糖……1/2小匙

做法

1. 吐过沙的海瓜子洗净；罗勒洗净摘去老梗；红辣椒洗净切片，备用。
2. 热锅，倒入1小匙的油，放入蒜末、红辣椒片爆香，放入海瓜子略炒，再加入水、所有调味料，盖上锅盖焖至海瓜子打开。
3. 加入水淀粉勾芡，再加入罗勒拌匀即可。

Tips.料理小秘诀

要让海瓜子快速炒熟，可以略炒后盖上锅盖，而不要一直拌炒，这样会使海瓜子受热不均匀，反而不容易熟，也可能会在拌炒的过程中，让已经打开的海瓜子的肉被炒得掉下来。

344 香啤海瓜子

材料

啤酒……………200毫升
海瓜子……………250克
蒜末……………………20克
红辣椒末……………10克
姜末……………………15克

调味料

盐……………………适量
白胡椒粉……………适量

做法

1. 海瓜子洗净，吐沙完成后备用。
2. 取炒锅烧热，加入色拉油，放入蒜末、红辣椒末和姜末爆香。
3. 续加入海瓜子快炒，再加入啤酒、盐和白胡椒粉翻炒后，加盖焖至海瓜子开口即可。

345 豆酥海瓜子

材料

海瓜子……250克
红辣椒末……20克
葱末……20克
蒜末……20克

调味料

豆酥……50克
辣椒酱……20克
盐……10克

做法

1. 海瓜子洗净，吐沙完成后，放入滚水中汆烫至开口，捞起备用。
2. 取炒锅不开火，先倒入色拉油和豆酥，再以中小火拌炒至豆酥略冒泡。
3. 续加入辣椒酱、盐、红辣椒末、葱末和蒜末，翻炒至豆酥变色后，再放入海瓜子拌炒均匀即可。

346 红糟炒海瓜子

材料

海瓜子……400克
葱末……10克
姜末……15克
蒜末……10克
红辣椒末……10克
罗勒……30克

调味料

A 红糟酱……2大匙
B 酱油……1小匙
米酒……1大匙
鸡粉……少许
糖……1/2小匙

做法

1. 海瓜子泡水吐沙，再洗净备用。
2. 热锅，加入2大匙色拉油，再放入葱末、姜末、蒜末、红辣椒末爆香，续加入红糟酱炒香。
3. 续加入海瓜子，炒至微开后加入所有调味料B，接着放入罗勒快速拌炒均匀，至入味即可。

347 罗勒蚬

材料

罗勒叶……20克
蚬……250克
小西红柿……6个
蒜末……20克

调味料

米酒……20毫升
酱油膏……50克
番茄酱……20克

做法

1. 蚬洗净，吐沙完成后备用。
2. 小西红柿洗净对剖成2等份。
3. 取炒锅烧热，加入色拉油，炒香蒜末和小西红柿。
4. 续加入蚬翻炒后，再加入米酒、酱油膏和番茄酱翻炒均匀，加盖焖至蚬开口，再加入罗勒叶略翻炒即可盛盘。

348 醋辣香炒蚬

材料

红辣椒片……30克
蚬……600克
西红柿……1个
芹菜……20克
姜片……30克
蒜末……20克

调味料

盐……1小匙
糖……1小匙
米酒……1大匙
乌醋……1大匙
酱油……1小匙
辣油……2大匙

做法

1. 将西红柿、芹菜洗净，切成小丁备用。
2. 热锅加入1大匙油，先爆香姜片、蒜末、红辣椒片，再加入所有调味料、蚬、西红柿丁与芹菜丁后，快速拌炒均匀至蚬全开即可。

349 豆豉炒牡蛎

材料o

嫩豆腐…………………1盒
牡蛎…………………250克
豆豉…………………10克
蒜苗碎………………适量
蒜碎…………………适量
红辣椒碎……………适量

调味料o

A 酱油膏…………2大匙
糖…………………1小匙
米酒………………1小匙
B 香油………………1小匙

做法o

1. 牡蛎洗净，放入滚水中汆烫、捞起沥干；嫩豆腐切丁备用。
2. 热锅，加入适量色拉油，放入蒜苗碎、蒜碎、红辣椒碎、豆豉炒香，再加入牡蛎、豆腐丁及所有调味料A拌炒均匀，起锅前加入香油拌匀即可。

350 豆酱炒牡蛎

材料

牡蛎……400克
韭菜花……150克
红辣椒……20克
蒜末……10克
姜末……10克

调味料

豆酱……3大匙
糖……1小匙
米酒……1大匙

做法

1. 牡蛎洗净沥干水分；韭菜花洗净切细；红辣椒洗净切末，备用。
2. 热一锅倒入2大匙油，放入蒜末、姜末爆香，放入豆酱炒香后，再放入牡蛎略炒。
3. 继续放入韭菜花、红辣椒末、糖、米酒，一起炒至入味即可。

351 香葱炒牡蛎肉

材料

葱……2根
牡蛎肉……100克
小白菜……200克
鸡蛋……2个
蒜仁……2粒
红辣椒……1个
红薯粉……10克
橄榄油……1小匙

调味料

酱油……1大匙
糖……1/2小匙
水……1/4杯
盐……1/4小匙

做法

1. 牡蛎肉洗净去杂质，均匀沾裹地瓜粉备用。
2. 小白菜洗净切小段；鸡蛋打散；蒜仁洗净切片；葱洗净，葱白切段、葱绿切葱花；红辣椒洗净切末。
3. 煮一锅水，将牡蛎肉烫熟捞起沥干备用。
4. 取一不粘锅放油后，爆香蒜片、红辣椒末、葱白。
5. 放入蛋液炒至8分熟后，先取出。
6. 放入调味料煮滚后，放入牡蛎肉和做法5的炒蛋，起锅前放入小白菜段、葱花即可盛盘。

352 炒芦笋贝

材料

芦笋贝（竹蛏）··280克
葱······2根
姜······10克
蒜仁······10克
红辣椒······1个

调味料

A 蚝油······1大匙
糖······1/4小匙
料酒······1大匙
B 香油······1小匙

做法

1. 待芦笋贝吐沙干净后，放入滚水中汆烫约4秒，即取出冲凉水、洗净沥干。
2. 葱洗净切段；姜洗净切丝；蒜仁洗净切末；红辣椒洗净切片，备用。
3. 热锅，加入1大匙色拉油，以小火爆香葱段、姜丝、蒜末、红辣椒片后，加入芦笋贝及所有调味料A，转大火持续炒至水分收干，再洒上香油略炒几下即可。

353 咖喱孔雀蛤

材料

孔雀蛤······260克
西红柿······50克
洋葱······90克
蒜仁······20克
红葱头······20克

调味料

咖喱粉······2小匙
奶油······2大匙
水······100毫升
盐······1/4小匙
鸡粉······1/2小匙
糖······1/4小匙
水淀粉······1小匙

做法

1. 把孔雀蛤洗净，挑去肠泥；洋葱及西红柿洗净切块；蒜仁及红葱头洗净切末，备用。
2. 热锅，加入奶油，以小火爆香洋葱块、蒜末及红葱头末后，加入咖喱粉略炒香，加入水、盐、鸡粉、糖及孔雀蛤，转中火炒煮滚。
3. 等做法2的材料滚后再煮约30秒，加入西红柿块同煮，待汤汁略收干后，加入水淀粉勾芡炒匀，起锅装盘即可。

354 生炒鲜干贝

材料

鲜干贝……160克
甜豆荚……70克
胡萝卜……15克
葱……1根
姜……10克
红辣椒……1个

调味料

蚝油……1大匙
米酒……1大匙
水……50毫升
水淀粉……1小匙
香油……1小匙

做法

1. 胡萝卜洗净去皮后切片；甜豆荚洗净撕去粗边洗净；葱洗净切段；红辣椒及姜洗净切片，备用。
2. 鲜干贝放入滚水中汆烫约10秒即捞出、沥干。
3. 热锅，加入1大匙色拉油，以小火爆香葱段、姜片、红辣椒片后，加入鲜干贝、甜豆荚、胡萝卜片及蚝油、米酒、水一起以中火炒匀。
4. 将做法3的食材再炒约30秒后，加入水淀粉勾芡，最后洒上香油即可。

355 XO酱炒鲜干贝

材料

鲜干贝……250克
四季豆……30克
红甜椒……1/3个
黄甜椒……1/3个
蒜仁……2粒
红辣椒……1/3个

调味料

XO酱……2大匙
盐……少许
白胡椒粉……少许

做法

1. 鲜干贝洗净，将水分沥干备用。
2. 四季豆洗净切片；红甜椒、黄甜椒洗净切菱形片；蒜仁、红辣椒洗净切片状备用。
3. 起1个炒锅，加入1大匙色拉油烧热，加入做法2的所有材料以中火翻炒均匀。
4. 再加入鲜干贝和所有调味料翻炒均匀即可。

356 干贝烩芥菜

材料

干贝……2个
芥菜……400克
小苏打……1小匙
姜末……5克

调味料

A 盐……1/4小匙
糖……1/6小匙
高汤……120毫升
B 高汤……200毫升
盐……1/4小匙
糖……1/4小匙
水淀粉……1大匙
香油……1小匙

做法

1. 干贝放碗里，加入水(淹过干贝)，放入蒸笼中蒸约15分钟后，放凉剥丝备用。
2. 芥菜选外缘较厚大的叶片，剥开成一片片洗净，切除软叶留下硬梗，中心的菜心部分对切备用。
3. 取约1000毫升的水，加入小苏打，滚沸后放入芥菜梗及芥菜心，以小火煮约3分钟后，将芥菜心与芥菜梗捞起冲冷水约3分钟，冲去碱味后捞起沥干。
4. 热锅，倒入约2大匙色拉油，以小火爆香姜末后，放入芥菜及调味料A，转中火略翻炒约1分钟后取出芥菜（汤汁不要），将芥菜铺于盘上。
5. 另热一锅，放入调味料B中的高汤、盐、糖及干贝丝煮沸后，以水淀粉勾芡，加入香油，淋在芥菜上即可。

备注：用来腌干贝的水中可加入少许米酒，风味更佳。

357 胡椒凤螺

材料

凤螺……400克
香菜……适量

调味料

盐……1/4小匙
鸡粉……1/2小匙
蒜香粉……1/2小匙
洋葱片……1/4小匙
三奈粉……1/4小匙
百草粉……1/6小匙
白胡椒粉……1/2小匙
黑胡椒粉……1小匙
米酒……2大匙
水……100毫升

做法

1. 把凤螺洗净后沥干，放入小砂锅中，备用。
2. 将所有调味料加入小砂锅中，转中火煮滚，待滚沸后要记得不时翻动，持续煮约3分钟后，加快翻动速度以防锅底烧焦。
3. 再持续翻动约5分钟至汤汁完全收干入味，最后加入香菜即可。

358 沙茶炒螺肉

材料

材料	用量
凤螺肉	240克
姜	10克
红辣椒	1个
蒜仁	10克
罗勒	20克

调味料

调味料	用量
A 沙茶酱	1大匙
盐	1/4小匙
鸡粉	1/4小匙
糖	1/4小匙
料酒	1大匙
B 香油	1小匙

做法

1. 把凤螺肉洗净放入滚水中氽烫约30秒，即捞出冲凉，备用。
2. 将罗勒挑去粗茎、洗净沥干，姜洗净切丝，蒜仁、红辣椒洗净切末，备用。
3. 起一炒锅，热锅后加入1大匙色拉油，以小火爆香姜丝、蒜末及红辣椒末后，加入凤螺肉及所有调味料A，转中火持续翻炒至水分略干，再加入罗勒及香油略炒几下即可。

359 炒螺肉

材料

材料	用量
螺肉	100克
红辣椒	1/2个
葱	1根
蒜仁	3粒
罗勒	10克

调味料

调味料	用量
糖	1小匙
米酒	1大匙
乌醋	1小匙
香油	1小匙
酱油膏	1大匙
沙茶酱	1小匙

做法

1. 螺肉洗净，放入150℃的热油中稍微过油炸一下，捞起沥干备用。
2. 红辣椒洗净切圆片；葱洗净切小段；蒜仁洗净切末，备用。
3. 锅中留少许油，放入做法2的材料爆香，再加入螺肉及所有调味料拌炒均匀。
4. 最后放入罗勒炒熟即可。

360 罗勒凤螺

材料

凤螺……150克
葱……1根
蒜仁……3粒
红辣椒……1/2个
罗勒……10克

调味料

糖……1小匙
乌醋……1小匙
米酒……1大匙
香油……1小匙
酱油膏……1大匙
沙茶酱……1小匙
白胡椒粉……少许

做法

1. 凤螺洗净后，放入沸水中汆烫至熟，捞起沥干备用。
2. 葱洗净切小段；蒜仁洗净切末；红辣椒洗净切圆片，备用。
3. 热锅倒入适量的油，放入葱段、蒜末、红辣椒片爆香。
4. 加入凤螺及所有调味料拌炒均匀，再加入罗勒炒熟即可。

361 牡蛎酥

材料

牡蛎……250克
蒜末……1小匙
葱花……1大匙
罗勒……50克
红辣椒末……1/2小匙
粗红薯粉……1碗

调味料

盐……1/2小匙
白胡椒粉……1/2小匙

做法

1. 牡蛎加盐小心捞洗，再冲水沥干，裹上粗红薯粉备用。
2. 热锅，倒入稍多的油，待油温热至180℃，放入牡蛎，以大火炸约2分钟捞出；再将罗勒放入油锅以小火炸至干，捞出摆盘备用。
3. 原锅中留少许油，加入蒜末、葱花、红辣椒末略炒，再放入炸牡蛎及所有调味料拌匀，放在罗勒上即可。

Tips.料理小秘诀

牡蛎要炸得好吃，建议使用粗红薯粉当裹粉，这样炸出来的牡蛎才会外表酥脆、里面鲜嫩。

362 蚵嗲

材料

牡蛎200克、猪肉泥150克、韭菜150克、包心菜150克、姜末10克

面糊材料

中筋面粉150克、黄豆粉150克、鸡蛋1个、水400毫升、色拉油1大匙

调味料

盐1/2小匙、白胡椒粉少许

腌料

酱油1/2大匙、米酒1/2大匙、糖1/4小匙

做法

1. 牡蛎洗净沥干水分备用。
2. 韭菜、包心菜洗净切细丝混合后，加入盐、白胡椒粉搅拌均匀，即为馅料。
3. 猪肉泥中加入所有腌料一起搅拌均匀，腌渍10分钟，即为肉泥馅料。
4. 中筋面粉、黄豆粉、蛋液、水一起搅拌均匀后，再加入色拉油拌匀，即为面糊。
5. 热一油锅加热至160℃，放入锅铲预热30秒后取出，先在锅铲上面依序涂上一层面糊、馅料、肉泥馅料和牡蛎，再淋上一层面糊覆盖在其材料上面，放入油锅中油炸约2分钟，再敲动锅铲让蚵嗲滑入油中，继续油炸至熟即可。

363 酥炸大牡蛎

材料

澳洲大牡蛎肉……220克
面包粉……50克
鸡蛋……1个
玉米粉……30克

调味料

白胡椒盐……1大匙

做法

1. 把大牡蛎肉洗净后、沥干；将鸡蛋打散成蛋液，备用。
2. 把大牡蛎肉沾上玉米粉后，再沾上蛋液，最后再沾裹面包粉。
3. 热锅，加入约500毫升色拉油，加热至约160℃时，放入大牡蛎肉，以中火炸约1分钟至酥脆即可装盘，食用时蘸少许白胡椒盐即可。

Tips.料理小秘诀

沾玉米粉后再沾蛋液可以固定住玉米粉，之后再沾面包粉又可以帮助粘住面包粉，这样多层次的口感真是一举数得。

364 蛤蜊丝瓜

材料o

蛤蜊……………………200克
丝瓜………………………1个
姜丝………………………20克
热水………………… 80毫升

调味料o

盐 ……………………1/2小匙
白胡椒粉…………1/4小匙

做法o

1. 蛤蜊吐沙洗净；丝瓜洗净去皮切块，备用。
2. 热锅，加入 1 大匙油，放入丝瓜块略炒，加入盐、姜丝、热水，以小火煮约3分钟。
3. 加入蛤蜊以中火煮至壳打开即可。

Tips.料理小秘诀

蛤蜊因为很容易煮熟，久煮肉质会变老，口感不好，因此等丝瓜先煮软入味，再加入蛤蜊煮至壳打开，就可以熄火上桌了。

365 蛤蜊肉丸煲

材料

蛤蜊……50克
肉丸子……150克
大白菜……100克
红辣椒……10克
葱……30克
蒜仁……10克

调味料

盐……1小匙
鸡粉……1小匙
米酒……1大匙
糖……1小匙
胡椒粉……1小匙
水……1000毫升

做法

1. 葱和红辣椒洗净切段；大白菜洗净切大段状；蛤蜊吐沙洗净。
2. 热锅，放入葱段、红辣椒段、蒜仁炒香，加入大白菜段炒软，全部移到砂锅中。
3. 于砂锅中加入肉丸子、蛤蜊及所有调味料，以小火焖煮约15分钟即可。

Tips.料理小秘诀

大超市都有卖做好的炸肉丸，炸过的肉丸搭配海鲜食材一起熬煮，味道超香。

366 蛤蜊煲嫩鸡

材料

蛤蜊……100克
鸡胸肉……350克
芥菜……100克
葱段……30克
姜片……20克
胡萝卜……60克

调味料

盐……1大匙
糖……1小匙
鸡粉……1小匙
米酒……2大匙
高汤……500毫升

做法

1. 蛤蜊吐沙后洗净；鸡胸肉、芥菜洗净切块；胡萝卜洗净去皮，切块烫熟，备用。
2. 热锅，倒入适量的油，放入葱段、姜片爆香，再放入鸡胸肉块炒香。
3. 加入胡萝卜块及所有调味料，以小火焖煮5分钟。
4. 加入芥菜与蛤蜊再煮约4分钟即可。

367 蒜蓉米酒煮蛤蜊

材料o

蒜末………………… 2大匙
米酒…………… 200毫升
蛤蜊…………………300克
洋葱…………………1/4个
奶油………………1.5大匙
水淀粉 ……………1小匙
巴西里末……………适量

调味料o

盐 …………………1/4小匙
糖 …………………1/2小匙
黑胡椒 ……………1/4小匙

做法o

1. 蛤蜊吐沙洗净；洋葱洗净切片，备用。
2. 热锅，加入奶油、蒜末，以小火炒至呈金黄色。
3. 放入米酒及所有调味料，加入蛤蜊盖上锅盖，以大火煮至蛤蜊打开，加入水淀粉勾芡，撒上巴西里末即可。

Tips.料理小秘诀

海鲜加酒一起煮，最能去除腥味及增加鲜味。

368 罗勒海瓜子煲

材料o

罗勒…………………20克
海瓜子 ……………450克
大白菜 ……………100克
火锅料 ……………150克
葱段…………………20克
蒜仁…………………20克
红辣椒片……………10克

调味料o

糖 ……………………1大匙
米酒………………… 2大匙
酱油膏 …………… 3大匙

做法o

1. 海瓜子泡水吐沙后洗净；大白菜洗净切片，备用。
2. 热锅，倒入适量的油，放入葱段、蒜仁、红辣椒片爆香，加入海瓜子以小火焖熟。
3. 放入火锅料及大白菜、所有调味料炒匀，以小火烧至汤汁略收干。
4. 加入罗勒炒匀即可。

Tips.料理小秘诀

海瓜子在入锅后，千万不要大力翻炒，以免壳与肉分离，用焖的方式最适合，最后再轻轻拌炒一下即可。

369 牡蛎煎

材料o

牡蛎……200克
小白菜……100克
葱……1根
鸡蛋……2个
红薯粉……100克
淀粉……15克
水……150毫升

调味料o

盐……少许
海山酱……适量

做法o

1. 牡蛎洗净沥干水分备用。
2. 小白菜洗净切小段；葱洗净切末；鸡蛋打散成蛋液，备用。
3. 地瓜粉、淀粉加入水、盐后，一起搅拌均匀成糊状，即为粉浆。
4. 热锅后倒入适量的油，放入牡蛎以大火稍煎一下，再放入葱末、小白菜段和蛋液，最后加入粉浆煎至定型后，翻面再继续煎至熟且呈透明状时，取出摆盘。
5. 食用时淋上海山酱即可。

370 牡蛎煎蛋

材料o

牡蛎……150克
鸡蛋……3个
葱花……2大匙
盐……1小匙

调味料o

盐……1/4小匙
水淀粉……1小匙

做法o

1. 牡蛎加入1小匙的盐，小心轻轻捞洗，冲水后放入沸水中汆烫1分钟，捞出过冷水沥干。
2. 鸡蛋打成蛋液，加入所有调味料、葱花打匀，再加入牡蛎。
3. 热锅，加入 1.5大匙油，再倒入蛋液，两面以小火各煎3分钟即可。

Tips.料理小秘诀

牡蛎经过汆烫后可以去除表面的黏液，也能在被蛋液包覆的情况下，更容易熟透。而汆烫后再过冷水，牡蛎肉质会紧缩，口感更好。

371 铁板牡蛎

材料○

牡蛎……100克
豆腐……1/2盒
葱……1根
蒜仁……3粒
红辣椒……1/2个
洋葱……5克
豆豉……10克

调味料○

米酒……1大匙
糖……1/2小匙
香油……少许
酱油膏……1大匙

做法○

1. 牡蛎洗净后用沸水汆烫，沥干备用。
2. 豆腐洗净切小丁；葱洗净切小段；蒜仁洗净切末；红辣椒洗净切圆片，备用。
3. 热锅倒入适量的油，放入葱段、蒜末及红辣椒片炒香，再加入牡蛎、豆腐丁、豆豉及所有调味料轻轻拌炒均匀。
4. 洋葱洗净切丝，放入已加热的铁盘上，再将做法3的材料倒入铁盘上即可。

372 油条牡蛎

材料○

牡蛎……150克
油条……1条
葱……45克
姜……10克

调味料○

高汤……150毫升
盐……1/2小匙
鸡粉……1/4小匙
糖……1/4小匙
白胡椒粉……1/8小匙
水淀粉……1大匙
香油……1大匙

做法○

1. 将牡蛎洗净、挑去杂质后，放入滚水中汆烫约5秒后，捞出、洗净、沥干；葱洗净切丁，姜洗净切末，备用。
2. 把油条切小块，起一油锅，热油温至约150℃，将油条块入锅炸约5秒至酥脆，即可捞起、沥干油，铺至盘中垫底。
3. 另起一锅，烧热后加入1大匙色拉油，以小火爆香姜末、葱丁后，加入牡蛎及高汤、盐、鸡粉、糖、白胡椒粉。
4. 待煮滚后，加入水淀粉勾芡，再洒上香油，起锅后淋至做法2的油条盘上即可。

373 豆腐牡蛎

材料

老豆腐……2块
牡蛎……200克
姜末……10克
蒜末……10克
红辣椒末……10克
蒜苗片……20克
水淀粉……适量

调味料

黄豆酱……1.5大匙
糖……1/4小匙
米酒……1大匙

做法

1. 老豆腐切小块；牡蛎洗净沥干，备用。
2. 热锅，加入2大匙色拉油，放入姜末、蒜末、红辣椒末爆香，再放入黄豆酱炒香。
3. 放入牡蛎轻轻拌炒，再加入豆腐块、蒜苗片、糖、米酒，轻轻拌炒至均匀入味，起锅前加入水淀粉拌匀即可。

Tips.料理小秘诀

牡蛎与豆腐都是容易破碎的食材，所以翻炒时要注意力度，轻轻翻炒别太用力，以免破碎而影响美观。

374 味噌牡蛎

材料

牡蛎……200克
白萝卜（中型）……1个
葱（粗）……2根
红辣椒……1个
蒜仁……2粒

调味料

A 味噌……30克
米酒……15毫升
味醂……20毫升
酱油……10毫升
水……50毫升
B 香油……1/2大匙

做法

1. 将所有调味料A混合调匀，备用。
2. 白萝卜洗净去皮磨成泥，用萝卜泥轻轻洗净牡蛎，再用水洗去萝卜泥；将牡蛎放入滚水中汆烫1分钟，呈一颗颗紧缩状时即可捞起沥干，备用。
3. 葱洗净，切成0.5厘米长段；红辣椒去籽切斜片；蒜仁洗净切薄片备用。
4. 热炒锅，加入适量色拉油，放入葱段、蒜片爆香，再加入红辣椒片略炒一下。
5. 接着倒入做法1的调味料A，煮开后放进牡蛎用大火快炒一下即可，起锅前淋上香油更添香气。

375 牡蛎煲西蓝花

材料

牡蛎……150克
西蓝花……100克
胡萝卜……30克
玉米块……50克
红甜椒……20克
鲜香菇……60克
葱段……20克
姜片……20克

调味料

糖……1小匙
米酒……1大匙
酱油膏……2大匙
白胡椒粉……1小匙
市售高汤……200毫升

做法

1. 胡萝卜洗净去皮切片，西蓝花切小朵，与玉米块放入沸水中汆烫一下，取出沥干备用。
2. 鲜香菇洗净切块；红甜椒洗净去籽切片，备用。
3. 热锅，倒入适量的油，放入葱段、姜片爆香，再放入做法1与做法2的材料炒匀。
4. 加入所有调味料、牡蛎轻轻拌炒匀至汤汁略收干即可。

376 芥蓝孔雀蛤煲

材料

A 芥蓝……300克
孔雀蛤……400克
B 豆豉……20克
蒜末……20克
姜末……30克
红辣椒末……15克
葱花……30克

调味料

酱油……2大匙
糖……1大匙
香菇精……1/2小匙
米酒……2大匙
水……600毫升

做法

1. 取一砂锅，放入洗净的芥蓝与孔雀蛤，备用。
2. 热锅，倒入适量的色拉油，放入材料B爆香，再加入所有调味料煮至沸腾。
3. 将做法2的材料倒入做法1的砂锅中，盖上锅盖以中火烧至汤汁剩1/3即可。

377 栗子烧牡蛎干

材料

栗子……100克
牡蛎干……100克
胛心肉……250克
葱……1根
蒜仁……5粒
水……300毫升

调味料

酱油……2大匙
蚝油……2大匙
米酒……1大匙
冰糖……1/2大匙

做法

1. 牡蛎干洗净泡水30分钟；栗子泡水5小时后，将栗子的杂质去掉；胛心肉洗净切块；葱洗净切丝，备用。
2. 热一锅倒入2大匙油后，放入牡蛎干、葱丝、蒜仁爆香后，取出牡蛎干。
3. 再放入胛心肉块，一起炒至颜色变白后，再放入栗子、牡蛎干、所有调味料炒至上色，继续放入水煮滚后，盖上锅盖以小火煮20分钟即可。

378 干贝杂菜煲

材料o

A 猪骨1副、鸡粉2大匙
B 干贝30克
C 上海青50克、芦笋50克、荸荠50克、菱角40克、莲子40克、口蘑50克、玉米笋50克、粉条50克

调味料o

盐1小匙、糖1/2小匙

做法o

1. 将猪骨放入滚水中氽烫3~5分钟后，将水倒掉，与1000毫升的水、鸡粉一起置于锅内，先用大火煮至沸腾后，再转小火熬煮60~90分钟即成汤备用。
2. 干贝洗净切丝；上海青、芦笋洗净切段；荸荠洗净切丁，备用。
3. 将所有材料C放入滚水中氽烫3~5分钟后，捞起并置于砂锅内，备用。
4. 热1大匙油，将干贝丝爆香后捞起，备用。
5. 将做法1的汤舀入炒锅内，加入调味料拌匀，再以水淀粉勾薄芡即可起锅，倒入做法3的砂锅内，再将干贝丝放在上面即可。

379 鲍鱼扒凤爪

材料o

贵妃鲍（或罐头鲍鱼）……1个
粗鸡爪……10只
高汤……300毫升
姜片……2片
葱……2根
上海青……2棵

调味料o

蚝油……2大匙
盐……1/4小匙
糖……1/2小匙
绍兴酒……1大匙

做法o

1. 先将鲍鱼切片备用；粗鸡爪剁去趾尖洗净。
2. 取一锅，倒入约1碗油烧热，将粗鸡爪炸至表面呈金黄色后捞出沥油。
3. 将鸡爪、高汤、调味料、姜和葱放入锅中，以小火煮至鸡脚软弹后捞出排盘。
4. 将鲍鱼片放入汤汁内煮滚，捞起鲍鱼片排放至鸡脚上，再将汤汁勾芡淋至鲍鱼上。
5. 上海青洗净，放入滚水中氽烫至熟，再捞起放至做法4的盘上围边装饰即可。

380 冬瓜蛤蜊汤

材料o

冬瓜……………………350克
蛤蜊……………………300克
猪小排…………………300克
姜片………………………6片
水………………2000毫升

调味料o

盐………………………1小匙
柴鱼素…………………少许
米酒……………………1大匙

做法o

1. 蛤蜊放入清水加盐（调味料分量外）静置吐沙备用。
2. 猪小排洗净，放入滚水中汆烫去除血水；冬瓜洗净去皮切小块备用。
3. 取一锅加入水煮至沸腾后，加入猪小排、冬瓜块及姜片以小火煮约40分钟。
4. 再加入蛤蜊煮至蛤蜊开口后，加入所有的调味料煮匀即可。

381 芥菜蛤蜊鸡汤

材料o

芥菜……………………1把
蛤蜊……………………15个
小土鸡…………………1只

调味料o

盐………………………少许

做法o

1. 芥菜洗净，对剖两半；蛤蜊洗净泡水吐沙；土鸡洗净，备用。
2. 取一内锅，放入芥菜、蛤蜊、土鸡。放入电锅中，电锅外锅放2杯水，按下启动开关，待开关跳起，开盖加盐调味即可。

Tips.料理小秘诀

炖鸡汤是大多数人都爱的一道菜，用电锅煮汤是最聪明的选择，只要外锅加入适量的水，就能煮出有清爽口感的好汤，搭配蛤蜊能让味道更鲜美。

382 牡蛎汤

材料

牡蛎……150克
酸菜……50克
姜丝……30克
葱花……少许
香油……1小匙
米酒……1大匙
水……1000毫升
红薯粉……适量

调味料

盐……少许

做法

1. 牡蛎洗净，均匀沾裹红薯粉，放入滚水中汆烫一下后，捞起冲水备用。
2. 酸菜洗净切小片备用。
3. 取汤锅倒入水，加酸菜片、姜丝煮至沸腾。
4. 放入牡蛎，待再次沸腾后，加入米酒、盐调味后熄火。
5. 上桌前撒上葱花、香油即可。

383 鲍鱼猪肚汤

材料

罐头珍珠鲍……1罐
猪肚……1副
竹笋……1根
香菇……6朵
姜片……6片
水……1600毫升

调味料

盐……1小匙
米酒……1小匙

洗猪肚材料

盐……适量
面粉……适量
白醋……适量

做法

1. 猪肚用洗猪肚材料中的盐搓洗后，内外反过来再用面粉、白醋搓洗后洗净，放入滚水中煮约5分钟，捞出浸泡冷水至凉后，切除多余的脂肪，再切片备用。
2. 竹笋洗净切片；香菇洗净切半，备用。
3. 取一锅，放入珍珠鲍、猪肚、做法2的所有材料、姜片、米酒及水，放入蒸锅中蒸约90分钟，再加盐调味即可。

384 蛤蜊蒸蛋

材料o

蛤蜊……………………10个
鸡蛋……………………3个
水………………………1碗
葱花……………………少许

调味料o

盐…………………1/4小匙
米酒………………1/2小匙

做法o

1. 蛤蜊吐沙干净后用刀撬开壳（如图1），将流出的汤汁过滤留下备用（如图2）。
2. 鸡蛋打成蛋液，加入所有调味料、水及蛤蜊汤汁，拌匀过滤备用（如图3）。
3. 取一浅盘，将蛤蜊与做法 2 的材料放入蒸锅中，以小火蒸约8分钟，撒上葱花即可（如图4）。

Tips.料理小秘诀

蒸蛋使用浅盘会比用深碗快熟，此外蛤蜊如果直接放在蛋液中蒸，会被蛋给包覆无法打开。因此先将蛤蜊撬开，将流出的汤汁加入蛋液中去蒸，不但能使蛤蜊顺利打开，鲜味也能融入蒸蛋中。

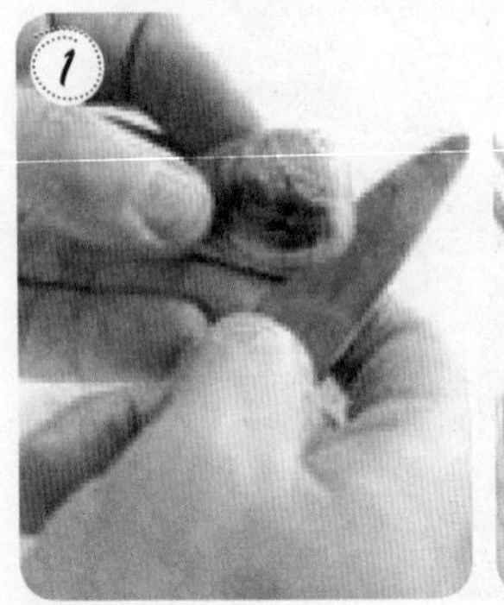

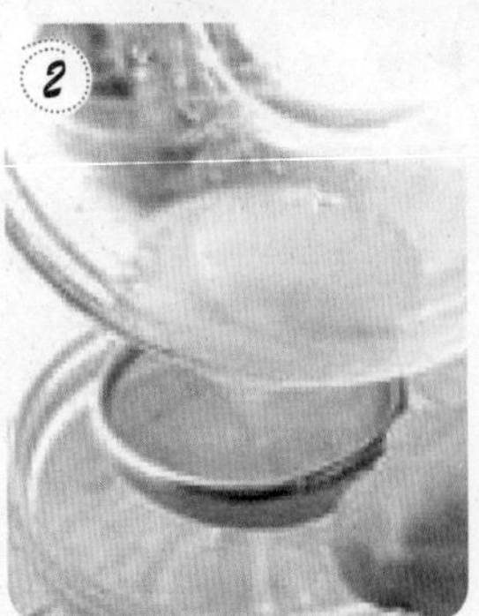

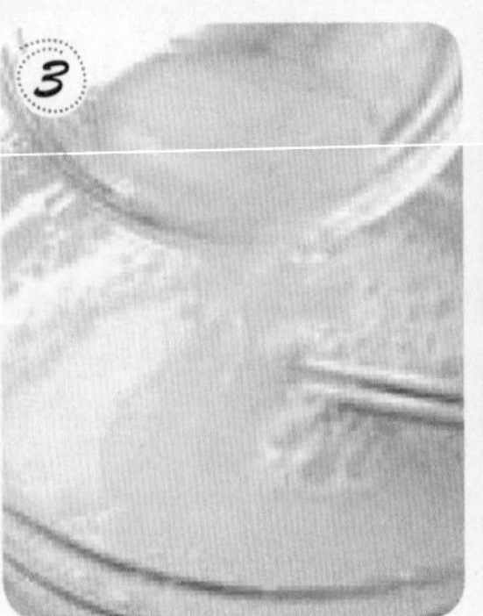

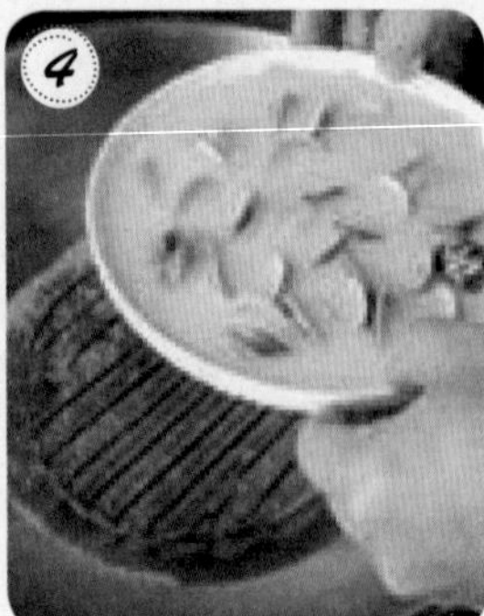

385 姜蒜文蛤

材料

文蛤……500克
姜丝……10克
蒜末……5克
胡椒粒……10克

调味料

米酒……1大匙
盐……少许
水……300毫升

做法

1. 文蛤浸泡冷水吐沙后，沥干水分备用。
2. 将文蛤、姜丝、蒜末、胡椒粒、米酒、盐、水放入铝箔烤盒中，盖上铝箔纸。
3. 将铝箔烤盒放入已预热的烤箱，以200℃烤约20分钟即可。

386 蚝油蒸鲍鱼

材料

墨西哥鲍鱼……1个
葱……1根
蒜仁……2粒
杏鲍菇……1个

调味料

蚝油……1大匙
盐……少许
白胡椒粉……少许
米酒……1小匙
香油……1小匙
糖……1小匙

做法

1. 先将墨西哥鲍鱼洗净，切成片状备用。
2. 将葱洗净切段；蒜仁、杏鲍菇洗净切片备用。
3. 取一容器，放入所有的调味料，混合拌匀备用。
4. 取一盘，先放上鲍鱼，再放入葱段、杏鲍菇片、蒜片，接着将做法3的调味料加入后，用耐热保鲜膜将盘口封起来。
5. 放入电锅中，于外锅加入1/3杯水，蒸约8分钟至熟即可。

387 蒜味蒸孔雀蛤

材料

孔雀蛤……300克
罗勒……3根
姜……10克
蒜仁……3粒
红辣椒……1/3个

调味料

酱油……1小匙
香油……1小匙
米酒……2大匙
盐……少许
白胡椒粉……少许

做法

1. 先将孔雀蛤洗净，再放入滚水中汆烫过水备用。
2. 把姜、蒜仁、红辣椒都洗净切成片状，罗勒洗净备用。
3. 取1个容器，加入所有的调味料，再混合拌匀备用。
4. 将孔雀蛤放入圆盘中，再放入做法2的所有材料和做法3的调味料。
5. 最后用耐热保鲜膜将盘口封起来，放入电锅中，于外锅加入1杯水，蒸约15分钟至熟即可。

388 豉汁蒸孔雀蛤

材料

孔雀蛤……10个
豆豉……2小匙
蒜末……1/2小匙
葱花……1小匙
色拉油……1大匙
淀粉……1/2小匙
水……1大匙

调味料

糖……1小匙
酱油……1小匙

做法

1. 孔雀蛤洗净置盘；豆豉洗净切碎，加入蒜末、所有调味料及淀粉拌匀成豉汁；葱花与色拉油混合成葱花油，备用。
2. 孔雀蛤淋上豉汁，放入锅内蒸5分钟。
3. 最后淋上葱花油即可。

389 粉丝蒸扇贝

材料

扇贝…（约120克）4个
粉丝……………………10克
蒜仁……………………8粒
葱………………………2根
姜………………………20克

调味料

蚝油…………………1小匙
酱油…………………1小匙
水……………………2小匙
糖…………………1/4小匙
米酒…………………1大匙
色拉油……………20毫升

做法

1. 把葱洗净切丝；姜、蒜仁洗净皆切末；粉丝泡冷水约15分钟至软化；扇贝洗净挑去肠泥、洗净、沥干水分后，整齐排至盘上，备用。
2. 将每个扇贝上先铺少许粉丝，洒上米酒及蒜末，放入蒸笼中以大火蒸5分钟至熟，取出，把葱末、姜末铺于扇贝上。
3. 热锅，加入20毫升色拉油烧热后，淋至扇贝的葱丝、姜末上，再将蚝油、酱油、水及糖煮滚后，淋在扇贝上即可。

390 枸杞子蒸扇贝

材料

枸杞子………………20克
大扇贝…………………8个
姜末……………………6克

调味料

盐……………………适量
柴鱼素………………适量
米酒………………3小匙

做法

1. 将扇贝用清水冲洗肉上的肠泥及细沙。
2. 枸杞子用清水略为清洗后，用米酒浸泡10分钟至软，再加入姜末混合。
3. 将做法2中混合好的材料略分成8等份，一一放置在处理好的扇贝上，再撒上盐与柴鱼素。
4. 将扇贝依序排放于盘中，再放入电锅内，外锅倒入1/2杯水，按下开关煮至开关跳起即可。

Tips.料理小秘诀

打开扇贝后，你会发现有些会多1块橘色贝肉，有些则无，有橘色贝肉的是母扇贝，无橘色贝肉的就是公扇贝。

391 盐烤大蛤蜊

材料o

大蛤蜊……………300克
粗盐……………………5大匙

做法o

1. 大蛤蜊浸泡清水吐沙，取出沥干备用。
2. 将粗盐平铺于烤盘上，再摆上大蛤蜊。
3. 烤箱预热至180℃，将大蛤蜊放入烤约5分钟至熟即可。

Tips.料理小秘诀

蛤蜊烤熟后壳会打开，鲜美的汤汁就会流失，为了避免这种情况发生，要先切断蛤蜊的韧带。在靠近蛤蜊较小的那头，壳的接缝处会有个突起来的小点，利用靠近刀柄这侧刀的尖端插入这个小点中，左右轻轻撬一下，就可以切断蛤蜊的韧带，但是千万不要利用刀尖插入以免弄伤自己。

392 蛤蜊奶油铝烧

材料o

蛤蜊……………………200克
奶油……………………15克
土豆……………………2个
（共约300克）
培根……………………40克
葱花……………………适量

调味料o

盐…………………………适量
黑胡椒粉…………………适量
奶油……………………15克
白酒………………20毫升

做法o

1. 土豆洗净后，带皮放入微波炉微波约8分钟，取出后剥皮，切成约1厘米厚的圆形片备用。
2. 蛤蜊洗净吐沙；培根切成约3厘米段状；奶油切成小块状备用。
3. 把2张铝箔纸叠放成十字形，在最上面一层中间部分均匀地抹上奶油（分量外），把土豆片放入抹好奶油的中间部分。
4. 再放上做法2的所有材料、葱花与其余调味料，将铝箔纸包好，放入预热的烤箱中，以200℃烤约20分钟即可。

393 烤牡蛎

材料○

牡蛎……………600克
柠檬……………1个

做法○

1. 牡蛎刷洗干净，擦干水分；柠檬切开挤出柠檬汁，备用。
2. 烤箱预热10分钟后，放入牡蛎，以上火200℃/下火200℃烤10～15分钟。
3. 食用时撬开牡蛎的壳，并滴上柠檬汁一同食用即可。

备注：不添加任何调味料，直接吃原味的烤牡蛎，也别有一番风味喔！

394 焗烤牡蛎

材料

牡蛎……8个
洋葱末……50克
蒜末……10克
奶油……20克
奶酪丝……100克

调味料

胡椒粉……少许
盐……少许

做法

1. 牡蛎刷洗干净后，挖开取出牡蛎擦干水分备用。
2. 热一锅放入奶油、洋葱末、蒜末以小火炒香后，放入所有调味料拌匀，再放入40克的奶酪丝拌匀，即为馅料。
3. 将做法2的馅料填入牡蛎壳内后，放入牡蛎，再撒上奶酪丝，放入预热烤箱以上火200℃ / 下火200℃烤10分钟即可。

395 烤辣味罗勒孔雀蛤

材料

孔雀蛤……6个

腌料

罗勒末1大匙、蒜末1小匙、洋葱末1小匙、盐1/4小匙、糖1/4小匙、BB酱1/4小匙

做法

1. 将腌料的材料混合均匀备用。
2. 将孔雀蛤洗净，加入做法1的腌酱后稍腌一下备用。
3. 将孔雀蛤放入已预热的烤箱中，以150℃烤约5分钟，取出盛盘即可。

Tips.料理小秘诀

孔雀蛤其实有许多种说法，一般又称孔雀贝、淡菜或贻贝，现在多为人工养殖，其肉质饱满，不论炒、烤、蒸都很合适，是许多海产店和西式料理中会出现的一种食材。

396 青酱焗扇贝

材料

扇贝……6个
奶酪丝……30克
面包粉……1大匙

调味料

青酱……2大匙

做法

1. 扇贝略冲水沥干，放至烤盘上，再淋上青酱，撒上奶酪丝、面包粉。
2. 放入预热烤箱中，以上火180℃ / 下火150℃烤约10分钟，至奶酪呈金黄色泽即可。

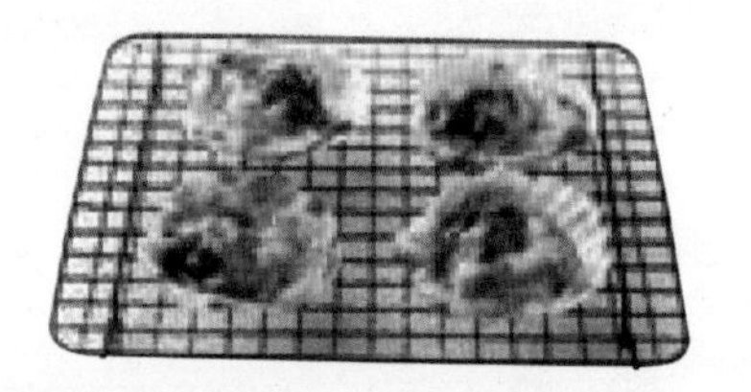

397焗孔雀蛤

材料

孔雀蛤……6个
面包粉……100克
奶酪丝……20克
橄榄油……10克
巴西里碎……1大匙
迷迭香碎……1小匙

调味料

红酱……3大匙

做法

1. 将孔雀蛤的肉从壳中取出，洗净后放入酒水中汆烫，捞出对切备用。
2. 先在孔雀蛤壳内加入少许的红酱，再将孔雀蛤肉放入，并盖上混合好的面包粉、奶酪丝、橄榄油、巴西里碎和迷迭香碎。
3. 放入已预热的烤箱中，以上火250℃ / 下火100℃烤5~10分钟至外观略上色即可。

备注：将孔雀蛤肉放入酒水中汆烫的目的，是为了去腥味，酒水的比例为水：白酒=1000毫升：30毫升，二者调合即成。

398 百里香焗干贝

材料o

鲜干贝……………………6个
奶酪丝……………………20克
巴西里碎…………………适量

调味料o

百里香……………1/4小匙

做法o

1. 鲜干贝洗净，加入百里香拌匀，放上奶酪丝。
2. 将鲜干贝放入烤箱中，以上火300℃ / 下火150℃烤约1分钟至表面呈金黄色即可。

399 蒜香焗烤田螺

材料o

田螺（罐头）……18个
奶酪丝……………100克

调味料o

蒜香黑胡椒酱………适量

做法o

1. 取深锅，倒入适量的水，以大火煮至滚沸后，将洗净的田螺放入汆烫约10秒，捞出备用。
2. 将田螺放进田螺烤盘中，先淋上蒜香黑糊椒酱，再撒上一层奶酪丝，即为半成品的焗烤田螺。
3. 预热烤箱至180℃，将半成品的焗烤田螺放入烤箱中，烤10~15分钟至表面呈金黄色即可。

● 蒜香黑胡椒酱 ●

材料：
奶油1大匙、蒜碎适量、红葱头碎适量、高汤500毫升、玉米粉1大匙、水1大匙、盐适量

调味香料：
黑胡椒粗粒20克、匈牙利红椒粉5克

做法：
（1）取一深锅，放入奶油以小火煮至融化，放入蒜碎、红葱头碎以小火炒香。
（2）将所有调味香料放入以小火炒香，再加入高汤以小火熬煮20分钟。
（3）将玉米粉加水搅拌均匀，倒入锅中勾芡，再加入盐调味即可。

400 呛辣蛤蜊

材料o

蛤蜊……………………20个
芹菜丁……………………30克
蒜碎……………………适量
香菜碎……………………10克
红辣椒碎……………………10克
柠檬汁……………………20毫升
橄榄油……………………20毫升

调味料o

鱼露……………………50毫升
糖……………………15克
辣椒酱……………………20克
盐……………………适量

做法o

1. 蛤蜊洗净，放入冷水中约半天至吐沙完毕备用。
2. 将蛤蜊放入滚水中汆烫至蛤蜊口略开即捞起备用。
3. 将所有调味料与红辣椒碎、蒜碎、香菜碎、芹菜丁、柠檬汁及橄榄油一起拌匀成淋酱。
4. 先将蛤蜊摆盘，再淋上酱汁拌匀即可。

401 热拌罗勒蛤蜊

材料o

蛤蜊……………………300克
姜…………………………6克
新鲜罗勒………………2根
蒜蓉辣椒酱…………适量

做法o

1. 首先将新鲜的蛤蜊泡在盐水中，泡水吐沙约1小时以上，备用。
2. 将姜切丝；新鲜罗勒洗净，备用。
3. 将蛤蜊放入滚水中汆烫，至开口即可捞起。
4. 将做法2、3的材料拌入蒜蓉辣椒酱混匀即可。

● 蒜蓉辣椒酱 ●

材料：
蒜片5片、红辣椒片适量、蚝油3大匙、开水1大匙、糖1小匙

做法：
将所有材料混合均匀即可。

402 意式腌渍蛤蜊

材料○

蛤蜊……20个
生菜叶……1片
蒜碎……适量
红辣椒碎……适量
米酒……50毫升

调味料○

柠檬汁……20毫升
橄榄油……50毫升
罗勒碎……10克
盐……适量
白胡椒粉……适量

做法○

1. 蛤蜊洗净、放入冷水中约半天至吐沙完毕；生菜叶洗净后铺于盘内备用。
2. 热一平底锅，倒入橄榄油，放入蒜碎、红辣椒碎炒香，再放入蛤蜊、米酒、柠檬汁一起翻炒至水分收干。
3. 加入罗勒碎、盐和白胡椒粉炒匀盛入做法1的盘内即可。

403 五味孔雀蛤

材料o

熟孔雀蛤…………10个
蒜末……………1/2小匙
姜末……………1/2小匙
葱花………………1小匙
红辣椒末………1/2小匙

调味料o

番茄酱…………1.5大匙
酱油膏……………1大匙
白醋………………1大匙
香油………………1小匙
糖…………………1大匙

做法o

1. 熟孔雀蛤汆烫约1分钟，捞出沥干置盘备用。
2. 所有调味料混合，加入蒜末、姜末、红辣椒末、葱花拌匀成五味酱。
3. 将五味酱淋在孔雀蛤上即可。

Tips.料理小秘诀

孔雀蛤因为只有单边壳，所以汆烫时不必烫太久，只要烫熟即可，否则烫太久会让肉质老化就不好吃了。

404 南洋酸甜孔雀蛤

材料o

孔雀蛤10～15个、洋葱1/4个、柠檬1/2个、香菜少许

调味料o

泰式酸甜辣酱2大匙、番茄酱1大匙

做法o

1. 洋葱洗净切碎；柠檬挤汁备用。
2. 孔雀蛤用热水烫一下后，放在盘中摆好。
3. 将泰式酸甜鸡酱倒入碗中，加入番茄酱、洋葱末、柠檬汁拌匀，再平均浇在孔雀蛤上，并用香菜点缀即完成。

● 泰式酸甜辣酱 ●

材料：
红辣椒3个、柠檬1个、水200毫升、糖3大匙、鱼露1大匙、水淀粉少许

做法：
（1）将红辣椒洗净切碎。
（2）将水倒入炒锅中加热煮沸，放入红辣椒碎，将柠檬挤汁，加入糖、鱼露，煮滚后，用水淀粉勾芡即可。

405 葱油牡蛎

材料

牡蛎……150克
葱……1根
姜……5克
红辣椒……1/2个
香菜……少许
淀粉……适量

调味料

鱼露……2大匙
米酒……1小匙
糖……1小匙

做法

1. 牡蛎洗净沥干，均匀沾裹上淀粉，放入沸水中汆烫至熟后捞起摆盘。
2. 葱洗净切丝、姜洗净切丝、红辣椒洗净切丝后，全放入清水中浸泡至卷曲，再沥干放在牡蛎上。
3. 热锅加入香油1小匙、色拉油1小匙及所有调味料拌炒均匀，淋在葱丝上，再撒上香菜即可。

406 蒜泥牡蛎

材料

蒜泥……1大匙
牡蛎……200克
粗红薯粉……1/2碗

调味料

糖……1/2小匙
香油……1小匙
酱油膏……2大匙

做法

1. 牡蛎加盐小心捞洗，再冲水沥干备用。
2. 备一锅约90℃热水，将牡蛎裹上粗红薯粉，立刻放入热水中，以小火煮约4分钟捞出置盘。
3. 将所有调味料混合，淋在牡蛎上即可。

Tips.料理小秘诀

牡蛎一裹上红薯粉后，就要立刻放入热水中烫熟，如果裹好粉还久放会反潮，影响最后的口感。而烫牡蛎的水温不宜太高，这样吃起来才会鲜嫩。

407 冰心牡蛎

材料

牡蛎……50克
小黄瓜……1个
红薯粉……适量
冰水……适量

调味料

酱油……适量
芥末……少许

做法

1. 牡蛎洗净沥干水分，均匀沾裹上红薯粉，再放入沸水中汆烫至熟，捞起沥干。
2. 取一锅冰水，放入牡蛎冰镇至凉后，捞起沥干盛盘。
3. 小黄瓜洗净切丝，另取一锅冰水，放入小黄瓜丝冰镇至凉后，捞起沥干放入做法2的盘中。
4. 酱油中放入芥末拌匀成调味酱，食用牡蛎时蘸取即可。

408 干拌牡蛎

材料

牡蛎……400克
油条……1条
红葱头……30克
葱……1根
红辣椒……1个
蒜末……10克
香菜……少许
淀粉……少许

调味料

酱油……1大匙
蚝油……3大匙
乌醋……1/2大匙
糖……少许
水……3大匙
香油……少许

做法

1. 牡蛎洗净沥干水分后，加入少许淀粉拌均匀备用。
2. 油条切小块，放入热油锅中略炸后捞起，沥干油分放入盘中备用。
3. 红葱头、葱、红辣椒、香菜全部洗净切末备用。
4. 倒入2大匙油热锅后，放入红葱头末，以大火爆香呈金黄色，再继续放入蒜末、葱末、红辣椒末，一起拌炒数下后取出。
5. 将牡蛎放入滚水中煮熟，待牡蛎浮起即可捞出并沥干水分，摆在油条块上面，再放入做法4的爆香材料和香菜末。
6. 另取一锅，放入所有调味料一起煮滚后，再浇淋在牡蛎上面即可。

409 腌咸蚬

材料o

蚬……600克
蒜片……20克
红辣椒片……15克
姜末……15克
葱段……15克

调味料o

酱油……6大匙
酱油膏……1大匙
糖……1小匙
米酒……2大匙
冷开水……3大匙

做法o

1. 先把蚬泡水静置一旁吐沙，待吐完沙后洗净。
2. 将蚬放入滚水中汆烫至微开后捞出。
3. 取一容器，把所有的调味料拌匀，再放入蒜片、葱段、红辣椒片、姜末和蚬混合拌均匀。
4. 于容器上封上保鲜膜，再放入冰箱冷藏约1天，即可取出食用。

Tips.料理小秘诀

蚬先用滚水烫过，可以让蚬的开口微开，这样做是为了让蚬比较容易入味。建议腌渍的时间最好至少要1天，并要均匀地泡入汤汁里，如此腌渍好的蚬才会入味又可口。

410 蒜味咸蛤蜊

材料o

蒜末……20克
蛤蜊……300克
姜末……10克
红辣椒片……10克

调味料o

酱油膏……1大匙
酱油……2大匙
乌醋……1/2大匙
米酒……2大匙
糖……1/2大匙
冷开水……3大匙

做法o

1. 蛤蜊泡水吐沙，捞起沥干备用。
2. 取锅，放入蛤蜊，倒入可完全淹盖蛤蜊的滚水，盖上锅盖焖约6分钟，待蛤蜊微开后捞出、沥干备用。
3. 将所有调味料混合搅拌均匀，放入蒜末、姜末和红辣椒片，再倒入蛤蜊拌匀，放入冰箱中冷藏腌至入味，食用前再取出即可。

411 泰式酸辣雪贝

材料o
雪贝……15个
生菜叶……1片
蒜末……20克
红辣椒末……20克
香菜末……20克

调味料o
柠檬汁……20毫升
鱼露……50毫升
糖……20克

做法o
1. 将雪贝放入滚水中汆烫至熟取出，以冷开水冲凉、捞起沥干备用。
2. 生菜叶洗净先铺于盘内备用。
3. 取一调理盆，放入所有调味料、蒜末、红辣椒末及香菜末，搅拌混合成淋酱备用。
4. 将雪贝摆放于做法2的盘中，再均匀淋上淋酱即可。

412 鲍鱼切片

材料o
罐装鲍鱼……1罐(约2个)
包心菜丝……适量

调味料o
五味酱……1罐

做法o
1. 鲍鱼罐头放入电锅，外锅放2杯水，盖锅盖后按下启动开关，开关跳起，取出罐头打开。
2. 将鲍鱼切成片状，放在铺好的包心菜丝上，食用时佐以五味酱即可。

Tips.料理小秘诀

想吃好一点，利用年节礼盒的鲍鱼罐头就能办到！罐头不要先打开，整罐直接放入电锅，外锅加入适量的水，利用对流热气自然焖熟，接下来只要开罐切片，摆得漂亮就是一道色香味俱全的宴客菜了！

图书在版编目（CIP）数据

烹海鲜 / 杨桃美食编辑部主编 . -- 南京 : 江苏凤凰科学技术出版社 , 2016.12

（含章・好食尚系列）

ISBN 978-7-5537-4946-4

Ⅰ . ①烹… Ⅱ . ①杨… Ⅲ . ①海产品 - 菜谱 Ⅳ . ① TS972.126

中国版本图书馆 CIP 数据核字 (2015) 第 149093 号

烹海鲜

主　　编	杨桃美食编辑部
责任编辑	张远文　葛 昀
责任监制	曹叶平　方 晨
出版发行	凤凰出版传媒股份有限公司 江苏凤凰科学技术出版社
出版社地址	南京市湖南路 1 号 A 楼，邮编：210009
出版社网址	http://www.pspress.cn
经　　销	凤凰出版传媒股份有限公司
印　　刷	北京富达印务有限公司
开　　本	787mm × 1092mm　1/16
印　　张	18.5
字　　数	240 000
版　　次	2016年12月第1版
印　　次	2016年12月第1次印刷
标准书号	ISBN 978-7-5537-4946-4
定　　价	45.00元

图书如有印装质量问题，可随时向我社出版科调换。